nc ... Strandsteine

Sammeln an der Nord- und Ostseeküste

noch mehr Strandsteine

Sammeln & Bestimmen
von Steinen
an der Nord- und Ostseeküste
und im Binnenland

von

Frank Rudolph

Wachholtz Verlag
2008

Uem

2

Rüd

ISBN 978-3-529-05421-1

1. Auflage 2008
Wachholtz Verlag Neumünster

Inhaltsverzeichnis

Noch ein Wort vorweg

Steinefieber ist ansteckend - so ist es auf dem Umschlag der „Strandsteine“ zu lesen. Sagen Sie also nicht, wir hätten Sie nicht gewarnt. Aber anscheinend greift der Steinesammel-Virus dennoch immer weiter um sich. 40.000 verkaufte Exemplare des ersten Bandes in drei Jahren waren nicht zu erwarten. Aber diese Zahlen zeigen, dass es doch mehr Sammler geben muss, die ihren Urlaub nach dem Steinreichtum der Strände planen und tonnenweise erratisches Material nach Hause schleppen, um schließlich damit Vitrinen, Schubladen und sogar ganze Kellerräume zu füllen oder die Lieblings-Steilküste im Vorgarten nachzustellen.

Wenn Scharen von Sammlern schwerbepackt über den Strand ziehen, wird es uns vor allem die Touristik-Branche danken. Bald gibt es makellose Sandstrände von Flensburg bis Greifswald. Man muss sich wundern, dass die Ostseeküste noch immer steinreich ist. Sammeln Sie also mit Bedacht, vor allem die Natur, aber auch nachfolgende Generationen von Sammlern, die Stoßdämpfer ihres Autos und ihre Erben werden es Ihnen danken.

Allen denjenigen, die bereits sämtliche Steine gefunden haben, die im ersten Band beschrieben sind und somit dringend eine neue Herausforderung suchen, soll jetzt eine Fortsetzung in die Hand gegeben werden. Noch einmal rund 180 Steine erweitern das Fundspektrum gewaltig, auch in Richtung Nordseeküste. Vielleicht wird die Bestimmung einiger Gesteine etwas anspruchsvoller. Manchmal braucht man für detaillierte Beobachtungen eine Lupe (10fach) oder einen Geologenhammer, um einen Blick in das Innere des Steins zu werfen. Ganz sicher nimmt auch die Fundhäufigkeit der nunmehr vorgestellten Geschiebe etwas ab. „Selten“ heißt dabei, dass die hier vorgestellten Gesteine nicht bei jeder Sammeltour zu entdecken sind, aber hoffnungslos ist die Suche nach ihnen keineswegs. Bedenken Sie bitte, dass man nur das findet, was man auch kennt. Und wenn Sie gezielt nach Ihrem Lieblingsstein suchen, so wird er Ihnen über kurz oder lang aus dem Strandkies entgegenstrahlen.

Sammeln Sie mit Weitsicht. Jedes Stück, das in die Sammlung wandert, muss mit einem Fundort versehen sein, sonst verliert es seinen wissenschaftlichen Wert. Machen Sie Ihre besten Funde bekannt, z. B. durch Fundberichte in einschlägigen Fachzeitschriften wie dem *Geschiebesammler* oder *Geschiebekunde aktuell*. Manch wertvoller Fund schlummert unerkannt in einem Schuhkarton. Gleichgesinnte und Leidensgenossen der nicht-sammelnden Ehepartner findet man bei Sammlertreffen. Das „älteste“ findet seit etwa 40 Jahren einmal im Jahr Ende Oktober / Anfang November im Uklei-Fährhaus in Eutin-Sielbeck statt. Hier kommen Hobbysammler aus ganz Norddeutschland zusammen, um neue Funde zu zeigen, Bestimmungshilfen zu erhalten oder bei Vorträgen immer tiefer in die Erdgeschichte einzutauchen. In vielen großen Städten gibt es regionale Sammlergruppen oder VHS-Kurse. Ein gemeinsames Hobby verbindet, man profitiert von den Kenntnissen erfahrener Sammer und Exkursionen in der Gruppe machen doppelt Spaß.

Wie schön, dass es noch immer keinen Impfstoff gegen das Steinefieber gibt...

Einführung

Wer mit dem ersten Band der „Strandsteine“ klar gekommen ist, wird auch den Einstieg in den zweiten Band finden. Der Anspruch ist etwas gestiegen, aber wirklich schwer wird es auch diesmal nicht. Und die Grundlagen sind ja bereits bekannt.

Ein großer Teil dieses Buches widmet sich den Sedimentgesteinen. Für Fossiliensammler ist es wichtig, die verschiedenen Kalke und Sandsteine unterscheiden zu lernen. Nur so wird man gezielt Versteinerungen suchen können. In einigen Sedimenten liegen sie auf der Schichtfläche, in anderen im massiven Gestein. Jedes Sediment führt andere Arten. Und natürlich ist die Zeiteinstufung ebenfalls wichtig.

Auch der Kristallinsammler wird in diesem Buch auf seine Kosten kommen. Viele leicht kenntliche Granite, Porphyre und Metamorphite sind beschrieben, aber auch eine ganze Reihe an Seltenheiten. Zum einen bekommt man einen Überblick über die Vielfalt der Gesteine, zum anderen ist der Reiz des Besonderen nicht zu unterschätzen. Wenn man ganz gezielt nach einem bestimmten Gesteinstyp Ausschau hält, wird man diesen früher oder später auch finden.

Wie bereits im ersten Band sind fast alle Fotos in den letzten zwei oder drei Jahren vor Erscheinen dieses Buches gemacht worden, sie zeigen also aktuelle Funde. Auch diesmal wurden solche Stücke ausgewählt, die ein Wiedererkennen möglichst einfach machen.

Einige Anmerkungen zur Häufigkeit: Ein häufiges Geschiebe wird man bei nahezu jeder Sammeltour entdecken. Als selten gelten solche Steine, die bei gezielter Suche nur hin und wieder zu finden sind, vielleicht bei jeder zehnten oder zwanzigsten Sammeltour. Aber alle diese Angaben und ihre Abstufungen sind subjektiv, können sich von Küste zu Küste und von Sturm zu Sturm ändern. Auch ein Regenschauer oder der unterschiedliche Sonnenstand können am selben Küstenabschnitt zu ganz unterschiedlichen Sammelerfolgen führen.

Um die eigenen Funde zu verstehen, muss man sie ‘be-greifen’, in die Hand nehmen und vielleicht sogar mit einer Lupe nach Bestimmungsmerkmalen suchen. Die wichtigste Frage bei der Bestimmung von Gesteinen oder Fossilien muss immer ein „Warum?“ sein. Sie halten Ihren Fund für einen Seeigel? Warum? Können Sie eine fünfstrahlige Symmetrie ausmachen? Stammt der Porphyr aus Dalarna oder aus Småland? Warum? Ist Quarz in dem Geschiebe enthalten? Halten Sie ein Tiefengestein oder ein Umwandlungsgestein in der Hand? Auf welche Merkmale müssen Sie achten? Granat ist ein sicheres Merkmal für Metamorphose, auch wenn gneisartige Strukturen fehlen. Eine Bestimmung „aus dem Bauch heraus“ muss immer anhand von eindeutigen Kennzeichen überprüft werden.

Wichtige Hinweise zur Bestimmung kann auch der Fundort liefern. Mancherorts sind Geschiebe eines begrenzten Herkunftsgebietes besonders häufig, beispielsweise Gesteine des Oslo-Gebietes in Nordwest-Jütland. Ein Ignimbrit von diesem Fundort stammt eher aus Norwegen als aus Småland. Aber immer muss man auf die spezifischen Merkmale achten und die Bestimmung prüfen.

Die Geologie Skandinaviens

Um die Geologie Skandinaviens verstehen zu können, drehen wir die Zeit zurück. Vor 500 Millionen Jahren war Nordeuropa ein eigener Kontinent. Er hieß Baltica und lag südlich des Äquators, etwa dort, wo heute Südafrika liegt. Im Laufe der Jahrmillionen driftete Baltica nordwärts bis es schließlich den heutigen Platz erreichte. Die Geschichte Balticas reicht tatsächlich aber mehr als 3 Milliarden Jahre (abgekürzt: 3 Ga) zurück.

Die ältesten Elemente finden sich im Norden Finnlands, in Karelien und auf der Kola-Halbinsel hoch im Norden und haben ein Alter von 2,5 bis 3,5 Milliarden Jahre. Kleine Kontinentalplatten lagerten sich in südwestlicher Richtung an. Den „Kern" von Baltica bildeten die Svekofenniden, die ein Alter von 1,75 - 2,0 Milliarden Jahren besitzen. Der Name leitet sich von „Schweden" und „Finnland" ab. Hier finden sich überwiegend metamorph überprägte Sedimente, Vulkanite und Granitoide, aber auch bedeutende Erzlagerstätten. Von Småland über Värmland und Dalarna bis zu den Lofoten erstreckt sich der Transskandinavische Magmatitgürtel (TMG oder [engl.] TIB), der aus Graniten und Porphyren besteht und ein Alter von 1,65 bis 1,8 Milliarden Jahren hat. Von NW Dalarna bis SW Finnland sind präkambrische Sandsteine weit verbreitet. An mehreren Stellen in Südfinnland und Mittelschweden sind Rapakivi-Plutone vor 1,6 Milliarden Jahren in die älteren Gesteine eingedrungen. Blekinge, SO-Schonen und Bornholm haben vor 1,45 Milliarden Jahren eine eigene Gebirgsbildungsphase erfahren. Der TMG wird im Westen von der bis 30 km breiten Protogin-Zone begleitet, einer 1 Milliarde Jahre alten tektonischen Störungszone. Westlich davon befinden sich herausgehobene Krustenbereiche, die als Südwestliche Gneis-Region bezeichnet werden. Sie entstanden vor 1,55 bis 1,7 Milliarden Jahren und wurden vor 0,9 bis 1,2 Millarden Jahren metamorph überprägt. Die Mylonitzone trennt sie in ein östliches und ein westliches Segment. Mylonit bedeutet soviel wie „Mahlstein", der an der Scherfläche bei der tektonischen Überschiebung zweier Kontinentalplatten entsteht. Der südliche Bereich des östlichen Segmentes der Südwestlichen Gneisregion wird auch als südwestschwedisches Granulitgebiet bezeichnet. Hier ist der Metamorphosegrad der Gesteine am höchsten. Südnorwegen und Bohuslän sind mit etwa 900 Millionen Jahren deutlich jünger als der übrige Teil der Gneisregion und kennzeichnen die svekonorwegische Gebirgsbildungsphase. Die Kaledonischen Decken wurden in einer Gebirgsbildungsphase vor 410 - 510 Millionen Jahren auf den Westrand Balticas überschoben. Reste des präkambrischen Grundgebirges treten entlang der nordwestlichen Seite an mehreren Stellen auf. Im Oslo-Graben herrschte vor 310 - 245 Millionen Jahren ausgeprägter Vulkanismus. Die Törnquist-Störungszone kennzeichnet den Südrand des skandinavischen Schildes. Hier sind seit dem Karbon/Perm entlang einer Bruchlinie ältere Schichten viele Kilometer tief in den Untergrund abgetaucht. Jüngere Sedimentgesteine sind in Skandinavien nur in kleinen Resten erhalten. Sie sind hingegen weit verbreitet in Dänemark, Norddeutschland, Polen und den baltischen Staaten.

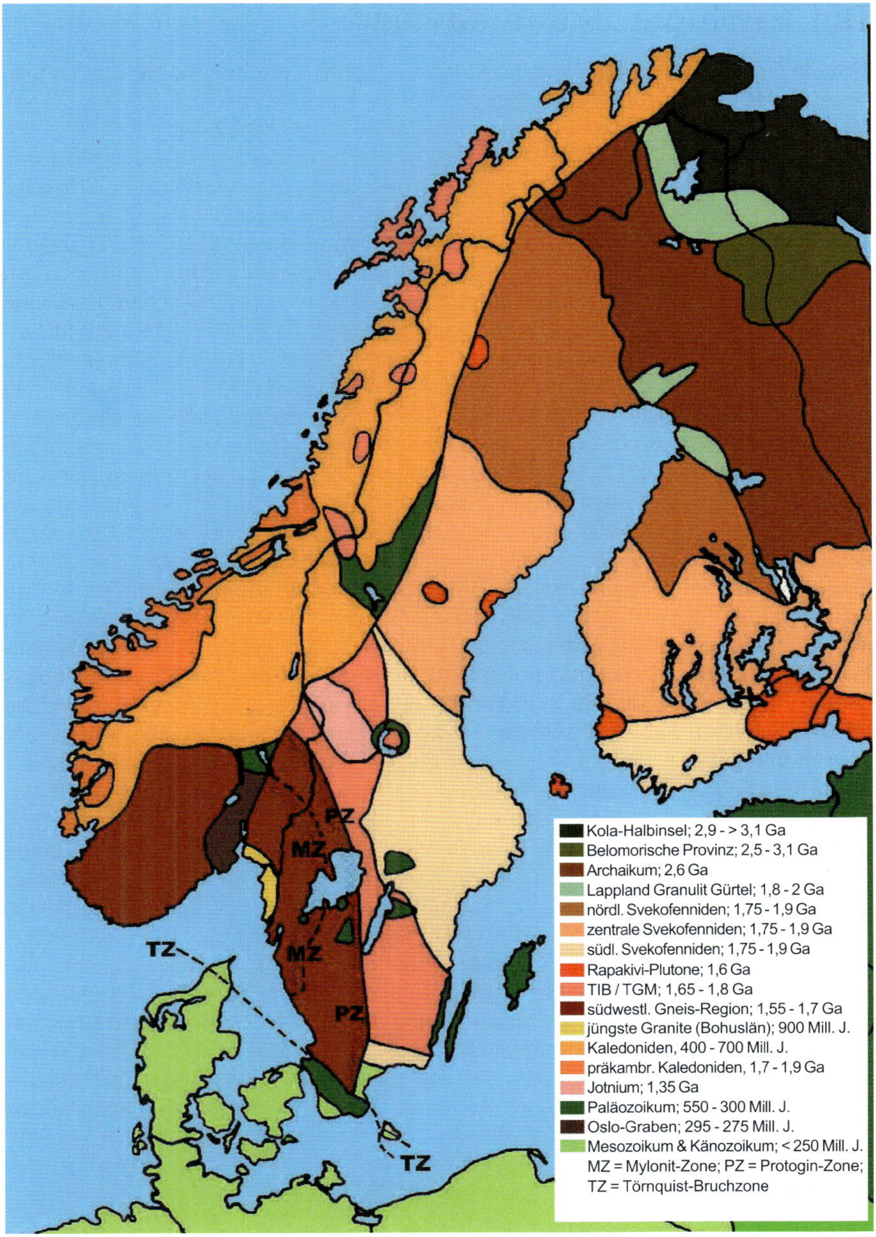

PZ
MZ
MZ
PZ
TZ
TZ
Kola-Halbinsel; 2,9 - > 3,1 Ga
Belomorische Provinz; 2,5 - 3,1 Ga
Archaikum; 2,6 Ga
Lappland Granulit Gürtel; 1,8 - 2 Ga
nördl. Svekofenniden; 1,75 - 1,9 Ga
zentrale Svekofenniden; 1,75 - 1,9 Ga
südl. Svekofenniden; 1,75 - 1,9 Ga
Rapakivi-Plutone; 1,6 Ga
TIB / TGM; 1,65 - 1,8 Ga
südwestl. Gneis-Region; 1,55 - 1,7 Ga
jüngste Granite (Bohuslän); 900 Mill. J.
Kaledoniden, 400 - 700 Mill. J.
präkambr. Kaledoniden, 1,7 - 1,9 Ga
Jotnium; 1,35 Ga
Paläozoikum; 550 - 300 Mill. J.
Oslo-Graben; 295 - 275 Mill. J.
Mesozoikum & Känozoikum; < 250 Mill. J.
MZ = Mylonit-Zone; PZ = Protogin-Zone;
TZ = Törnquist-Bruchzone

Auf den Spuren der Eiszeit

Überall in Norddeutschland trifft man auf die Spuren des letzten großen erdgeschichtlichen Ereignisses, der Eiszeit.

Der größte Findling Schleswig-Holsteins ist der Düvelsten bei Großkönigsförde (Bild oben), der allerdings „nur“ 180 t wiegt. Bei Elbvertiefungsarbeiten wurde 1999 der größte Findling Hamburgs entdeckt. Der „Alte Schwede“ mit einem Gewicht von 217 t wurde ein Jahr später als „Hamburgs ältester Einwanderer“ offiziell eingebürgert. Der größte Findling Niedersachsens ist der Giebichenstein mit einem Gewicht von 330 t. Der Buskam vor der Ostküste Rügens ist der größte Findling Mecklenburg-Vorpommerns und wiegt mehr als 540 t. Und der Damesten auf Fünen / Dänemark wiegt stattliche 1.200 t. Gigantische Dimensionen.

Das Kopfsteinpflaster vieler Altstadtstraßen in Norddeutschland ist einen Blick nach unten wert. Die Steine stammen meistens - aber nicht immer! - aus Skandinavien, wurden oft als Baumaterial importiert (nicht vom Gletscher, sondern erst später) oder sie kommen aus den Kiesgruben der Umgebung, sind dann "echte" Zeugen der Eiszeit. Auch viele Gedenksteine sind eiszeitliche Findlinge. Auf dem Friedhof wird man sie ebenfalls antreffen, vor allem auf älteren Gräbern. Und manchmal sind sie wunderschön poliert und zeigen den Aufbau des Gesteins. Viele Kirchen sind aus eiszeitlichen Gesteinen aufgebaut. Das Fundament alter Häuser besteht aus großen, teils zerschlagenen Findlingen. Der Sand auf dem Spielplatz ist nichts anderes als eiszeitlicher Schmelzwassersand. Er besteht aus zerriebenen Felsen Skandinaviens und ist nach dem Abtauen der Gletscher hier in Schleswig-Holstein abgelagert worden. Der Hügel "um die Ecke" ist durch die geomorphologische Wirkung der Gletscher entstanden. Auch das Tal nebenan. Eiszeitliche Landschaftsformen umgeben uns überall!

Jeder Stein am Strand, auf den Feldern oder auf dem Kiesweg am eigenen Haus erzählt von seiner Reise in der Eiszeit, hat viel erlebt auf seinem Weg aus dem Norden. Lassen Sie uns in diesem Buch gemeinsam auf Spurensuche gehen. Kennt man die Mechanismen der Eiszeit, den Aufbau der Gesteine und die Herkunft wichtiger Leitgeschiebe, dann lernt man, Erdgeschichte zu verstehen. Nehmen Sie die Strandsteine in die Hand. Suchen Sie nach Informationen über ihre Entstehung oder Herkunft oder nach Spuren einstigen Lebens. Die Urzeit der Erde wird be-greifbar. Erdgeschichte zum Anfassen, direkt unter unseren Füßen. Wenn man verstanden hat, dass der Granit, auf dem man gerade steht, fast 2 Milliarden Jahre alt ist, der Basalt nebenan einst glutflüssige Lava war und die Kratzer auf dem Kalk durch den hunderte von Kilometer langen und viele Jahrtausende dauernden Eistransport entstanden sind, dann wird man beim nächsten Strandspaziergang viel ehrfürchtiger auf die Steine am Strand treten.

Geschiebeforschung

Zu den beeindruckendsten Hinterlassenschaften des skandinavischen Inlandeises gehören zweifelsohne die riesigen Findlinge, die zum charakteristischen Bild unserer norddeutschen Heimat gehören. Aber woher kommen diese Felsblöcke? Viele Sagen ranken sich um sie, und man brachte sie gern mit bösen Riesen oder gar dem Teufel in Verbindung, die sie auf die Kirchen schleuderten, um so die Ausbreitung des Christentums zu verhindern. Gegen Ende des 18. Jahrhunderts sah man die erratischen Blöcke als vulkanische Bomben an, die bei gewaltigen Eruptionen in Skandinavien bis weit nach Norddeutschland geschleudert wurden. Zumindest wurde die Heimat der Felsen schon damals in Skandinavien vermutet. Mit Beginn des 19. Jahrhunderts hat man die großen Steinmengen mit enormen Schlammfluten in Verbindung gebracht. Gewaltige Wassermassen sollten die Steine in die norddeutsche Tiefebene geschwemmt haben. Prägend war hier vor allem die biblische Sintflut. Vertreter dieser Geröllflut- bzw. Rollstein-Theorie waren L. VON BUCH, G. A. BRÜCKNER und N. G. SEFSTRÖM. Letzterer kannte bereits Gletscherschrammen, sowohl im Grundgebirge Schwedens als auch im Rüdersdorfer Muschelkalk, und hat diese auf Felsblöcke zurückgeführt, die in Eisschollen eingefroren waren. Später vertrat Charles LYELL die Auffassung, die großen Blöcke seien mit treibenden Eisschollen südwärts transportiert worden („Drifttheorie"). Erst 1875 erkannte der schwedische Forscher Otto TORELL in Gletscherschrammen im Rüdersdorfer Muschelkalk die Spuren einer ausgedehnten Inlandvereisung und legte damit den Grundstein für Quartärgeologie und Geschiebeforschung. Wenige Jahre später bewies PENCK, dass es mehrere Vereisungsphasen in Norddeutschland gegeben haben musste. Während die Eiszeit in den Alpen schon seit 1840 durch AGASSIZ als gesichert galt, konnte sich die Erkenntnis einer Vergletscherung Skandinaviens und der angrenzenden Gebiete erst 40 Jahre später durchsetzten. Am Ende des 19. Jahrhunderts erlebte die Geschiebeforschung eine erste Blütezeit. 1924 gründete sich unter dem Vorsitz von Kurt HUCKE die „Gesellschaft für Geschiebeforschung", die von 1925 bis 1945 die „Zeitschrift für Geschiebeforschung" herausgab. Nach den Kriegs- und Nachkriegsjahren wurde die Geschiebeforschung durch Kurt W. EICHBAUM, Hamburg, neu belebt, der 1966 die Zeitschrift „Der Geschiebesammler" ins Leben rief. 1984 wurde die „Gesellschaft für Geschiebekunde" um Roger SCHALLREUTER gegründet, die seither „Geschiebekunde aktuell" und das „Archiv für Geschiebekunde" herausgibt. Bis heute sind mehr als 15.000 Publikationen über Geschiebe erschienen. Die Geschiebeforschung vereint Quartärgeologie, Eiszeitforschung, Paläontologie, Geotopschutz und viele andere Nachbardisziplinen. Viele Gesteinsarten sind nur als Geschiebe bekannt, da das Anstehende vollständig abgetragen wurde oder von mächtigen glazialen Ablagerungen bedeckt ist. Zahlreiche neue Tierarten sind erstmals aus Geschieben beschrieben worden und manche sind bis heute Unikate geblieben.

Grundlagen

Das Aufschlagen von Steinen

Irgendwann kommt im Leben eines Sammlers der Zeitpunkt, wo dem bloßen Aufheben von Steinen das gezielte Suchen folgt. Die Neugierde siegt und man möchte wissen, was sich im Inneren der Strandsteine verbirgt. Fossilien wird man nur selten lose im Strandkies entdecken. Weitaus häufiger kommen sie in Sedimentgesteinen vor, die ja versteinerten Meeresboden darstellen. Eingeschlossen in ihr Jahrmillionen altes Grab kann sie ein gezielter Hammerschlag befreien. Die Artenvielfalt, die man im Geschiebe entdecken kann, ist riesig. Zeugen aus 550 Millionen Jahren Entwicklungsgeschichte des Lebens sind on ihnen verborgen. Man muss lernen, die richtigen Geschiebe zu erkennen - Kalke, Sandsteine und Schiefer - und sie dann aufzuschlagen. Dabei kommt es mehr auf die Technik als auf unbändige Kraft an. Ein „normaler" Geologenhammer wiegt 700 g (für Damen) bis 900 g (für Herren), und mit diesem lassen sich auch größere Blöcke spalten. Für die Küsten empfiehlt sich ein Hammer mit Spitze, um die Steine aus dem Untergrund zu heben. Eine Schneide dient zum Spalten von plattigen Sedimenten (z. B. Posidonienschiefer oder Plattenkalk) und ist eher im süddeutschen Raum angebracht. Aufgeschlagen werden die Steine übrigens mit der stumpfen Seite des Hammers. Ein kurzer Schlag auf die schmale Seite von plattigen Sedimentgesteinen spaltet den Stein entlang der Schichtflächen. Man kann mit etwas Übung so Lage für Lage abheben und die Schichtflächen nach Fossilien absuchen. Je deutlicher des Gestein geschichtet ist, desto besser wird man es aufschlagen können. Jeder mag selbst entscheiden, ob er den Stein in den Sand drückt, auf einen großen Findling als Amboss legt (aber dabei gut festhalten) oder in der mit einem Handschuh geschützen Hand aufschlägt. Bei letzterer Technik hat man am meisten Gefühl und kann einen Schlag gut kontrollieren. Niemals sollte man einen Stein auf einen anderen werfen. Vielleicht platzt der Stein auseinander, aber sicher nicht da, wo wir es gern wollen. Außerdem prallt der Stein zurück und kann den Werfer oder umstehende Personen verletzen. Wenn es schon um die Gefahren beim Sammeln geht: Bitte keine Feuersteine zerschlagen! Diese springen unkontrollierbar (nur echte Steinzeitmenschen können Flint gefahrlos zerlegen), sind scharfkantig und kleine Splitter können unangenehme Wunden verursachen! Man sollte auch nicht mit einem Maurerhammer aus dem Baumarkt auf harte Granite einschlagen. Solche Hämmer sind nicht gehärtet und von der Schlagfläche können sich messerscharfe Metallsplitter lösen, die sogar Glasbrillen durchschlagen können! Einen speziellen Geologenhammer gibt es schon für rund 20 Euro im Fachhandel. Zur Schutzausrüstung gehören nach Möglichkeit eine Schutzbrille und Lederhandschuhe, um Verletzungen durch Splitter vorzubeugen. Übrigens: auch bei den meisten kristallinen Gesteinen braucht man für eine gezielte Ansprache eine frische Bruchfläche. Hier lässt sich eine hervorstehende Ecke leichter abschlagen, massige Gesteine brauchen deutlich mehr Kraftaufwand.

Blättern im Bilderbuch der Erdgeschichte

Das Aufschlagen von Steinen offenbart eine völlig neue Welt. Da liegen plötzlich Fossilien auf einer Schichtfläche und man ist der erste Mensch, der diese nach hunderten von Millionen Jahren zu sehen bekommt. Leider platzen die Fossilien nur selten vollständig aus dem Stein heraus. In der Regel müssen sie präpariert werden. Man kann mit einem kleinen Hammer und einem feinen Meißel oder einem Stahlnagel das Sediment stückchenweise abtragen, um so die Tiere aus ihrem steinernen Gefängnis zu befreien. Es ist übrigens durchaus erlaubt, vom Fossil abgeplatzte Stücke mit Sekunden- oder Alleskleber wieder anzusetzen.

Anhand von sogenannten Leitfossilien kann man das Alter der Gesteine feststellen. Einzelne Tierarten oder ganze Tiergruppen sind kennzeichnend für ein System in der Erdgeschichte, eine Formation oder eine einzelne Schicht. Im Geschiebe kommen Trilobiten („Dreilapper", eine ausgestorbene Gruppe asselähnlicher Gliedertiere) nur vom Kambrium bis zum Silur vor. Die langgestreckten Gehäuse der Orthoceren (frühe Kopffüßer; Bild oben), reichen vom Ordovizium bis in das Silur. Belemniten („Donnerkeile") stammen meist aus der Kreide und Seeigel aus der Kreide oder dem ältesten Tertiär. Muscheln und Schnecken (Bild unten) kommen in der gesamten Erdgeschichte vor.

Auch Informationen über den Lebensraum und die Umwelt der fossilen Tiere lassen sich aus dem Stein ableiten. Betrachten wir als Beispiel die langgestreckten Gehäuse ausgestorbener Kopffüßer, die Orthoceren („Geradhörner"). Man findet sie lose im Strandkies oder in grauen oder roten Kalken des Ordoviziums und Silurs eingebettet. Ihre Gehäuse können durch die Wasserbewegung eingeregelt sein, sie liegen dann alle parallel zueinander. Im ruhigen Wasser wäre die Einbettung eher willkürlich wie auf der Abbildung rechts oben. Zeigt das spitze Ende der Gehäuse in dieselbe Richtung, wurden sie von der Strömung eingeregelt. Zeigen sie in entgegengesetzte Richtungen, wurden sie durch Wellenbewegungen sortiert. Meistens haben Orthoceren eine „gute" und eine „schlechte" Seite. Nach dem Tod des Tieres sank das Gehäuse auf den Meeresgrund und wurde dort im Sediment eingebettet. Die Unterseite des Gehäuses wurde so vor Beschädigungen geschützt. Hier ist häufig noch die feine Rippung der Oberfläche erhalten, während die andere Seite Anlösungen erkennen lässt. Das Gehäuse dieser frühen Kopffüßer besitzt eine Wohnkammer und eine Reihe von Luftkammern, in die das Tier durch einen sogenannten Sipho, der die Kammern miteinander verbindet, Gas oder Wasser einpumpen konnte, um so die Schwimmhöhe zu regulieren. Der Sipho liegt zentral bei den Orthoceren oder randständig bei den Endoceren. Die heutige Systematik ist übrigens weit komplizierter. Endoceren liegen meist mit der Siphoseite nach unten im Sediment, da diese schwerer ist. Man kann also noch heute bei den Geschieben erkennen, was „oben" und was „unten" war. Alle diese Beobachtungen helfen, Umweltbedingungen der Urmeeres zu rekonstruieren.

Sammlungsaufbau

Wenn Sie vom Steinesammel-Virus infiziert wurden, werden Sie beginnen, Steine vom Strand in die häuslichen vier Wände umzulagern. Je nach Sammeleifer werden Sie früher oder später ein Ordnungssystem benötigen. Es gibt viele Möglichkeiten, die eigene Sammlung zu gliedern. Steht der Wohnwagen auf einem Campingplatz in der Nähe einer Steilküste, so wird hier das bevorzugte Exkursionsziel sein. Ein Urlaub mit kleinen Kindern führt meist an die weiten Sandstrände West-Jütlands. Wer nicht allzuweit von der Küste entfernt wohnt, wird die schnell erreichbaren Strandabschnitte seines Heimatlandes erkunden wollen. Das Ergebnis wird in diesen Fällen eine Regional-Sammlung sein, die Fundstücke aller Erdzeitalter vereint. Einige Sammler setzen einen Sammlungsschwerpunkt, indem sie nur kristalline Gesteine, vielleicht vor allem Porphyre, sammeln. Andere richten ihr Augenmerk auf Fossilien und hier möglicherweise auf ein spezielles Erdzeitalter oder eine einzige Tiergruppe. Sie alle werden auf jeden Fall feststellen, dass irgendwann im Leben eines Sammlers der Zeitpunkt kommen wird, an dem er sich spezialisieren muss. Ansonsten droht ein ernsthaftes Platzproblem oder Streit mit der Familie, wenn Stapel von Sammlungskästen im Wohnzimmer nur noch einen schmalen Gang zwischen Fernseher und Sofa aussparen. Je höher dabei der Grad der Spezialisierung ist, desto mehr Fachkenntnisse wird man sich auf seinem Sammelgebiet aneignen und desto wertvoller wird die zusammengetragene Kollektion. Und dennoch, wenn die Herkunft der Fundstücke nicht dokumentiert ist, wird eine Sammlung bedeutungslos. Das allerwichtigste ist es, den Fundort eines jeden Stückes zu vermerken, denn den kennt nur der Finder! Eine Bestimmung kann später durch einen Fachmann vorgenommen oder revidiert werden. Ein Fundort lässt sich in der Regel nicht rekonstruieren. Ein exakter Fundort ist wichtig für wissenschaftliche Bestimmung, er erlaubt Aussagen über die Seltenheit eines Stückes und gibt Hinweise zur Herkunft des Geschiebes. Den Fundort kann man mit wasserfestem Stift oder besser Lack oder Scriptol auf dem Stück notieren oder einen Zettel zusammen mit dem Fund in einer kleinen Schachtel aufbewahren. Eine eindeutige Nummer auf beiden beugt einer Verwechslung vor. Jeder mag selbst entscheiden, ob die Exponate in einer Vitrine ausgestellt, in Sammlungsschränken mit zahllosen Schubladen untergebracht oder auf der Fensterbank oder in einem Pappkarton aufbewahrt werden. Noch etwas ist wichtig, besonders für die Fossiliensammler, die Steine aufschlagen: Alle Teile des Geschiebes, die Fossilien enthalten, sollten zusammen aufbewahrt werden. Nur durch die Betrachtung aller Stücke gemeinsam ist eine exakte Bestimmung des Gesteins, seines Alters und der Herkunft möglich. Im Computerzeitalter ist es ratsam, eine Datenbank anzulegen, in der alle wichtigen Funddaten zusammengestellt werden: Fundort, Funddatum, Bestimmung, Alter, Herkunft, Hinweise zu Tausch oder Kauf, Literatur.

Vorbemerkungen zur Bestimmung

Viele grundlegende Hinweise zur Ansprache eines Gesteins finden sich bereits im ersten Band „Strandsteine“. Voraussetzung für eine Bestimmung ist es, die Minerale zu erkennen, die ein Gestein aufbauen. Ihre Erscheinungsform gibt entscheidende Hinweise auf die Entstehung des Gesteins, die chemische Zusammensetzung und die assoziierten Minerale. Mindestens genauso wichtig ist aber auch die Anordnung der Minerale im Raum, also das Gefüge des Gesteins. Auf den nächsten Seiten sind beispielhaft aber keineswegs erschöpfend die Gestalt einiger Kristalle und deren gemeinsames Vorkommen als Aggregat dargestellt. Dies soll helfen, die Gesteinsbeschreibungen im Hauptteil des Buches besser zu verstehen. Die Abbildungen rechts zeigen oben einen Plutonit als Tiefengestein (einzeln auskristallisierte Minerale) und unten einen Vulkanit als Ergussgestein (viel Grundmasse, einzelne Einsprenglinge). Dazwischen stehen die Ganggsteine (Mitte), die auf ihrem Weg an die Erdoberfläche steckengeblieben sind und die somit Merkmale beider Gesteine zeigen.
Die Bezeichnung der Gesteine hat sich in den letzten Jahren in einigen Bereichen geändert, so bezeichnet man heute beispielsweise einen Quarzporphyr als Rhyolith. In diesem Buch werden, wie auch schon im ersten Band, die Namen aber in der traditionellen Form verwendet, alles andere würde Verwirrung stiften.
Viele Geschiebe sind nach ihrer Heimat benannt und tragen somit einen Namen mit lokalem Bezug. Oftmals kommen diese Gesteine aber auch in anderen Regionen vor, als es der Name vermuten läßt. Man sollte diese Gesteine dann streng genommen als „vom ...-Typ“ bezeichnen, aber das ist nicht immer verständlicher. Im Text wird an entsprechender Stelle darauf hingewiesen. Ob eine Aufsplittung eng verwandter Gesteinsarten notwendig oder gar möglich ist, sei dahingestellt. So kann man Påskallavik-Porphyr und Sjögelö-Porphyr nicht immer trennen. Schwierig ist auch eine Aufsplittung bei den einander sehr ähnlichen Dala-Porphyren. Trotzdem soll in diesem Buch soweit möglich eine Unterscheidung vorgenommen werden. Es hilft, sich mit den Gesteinen auseinanderzusetzen und Bestimmungsmerkmale zu suchen. Man kann so zumindest übereinstimmende Typen zusammenstellen und gegebenenfalls später genauer bestimmen.
Bei den gezeigten Steinen ist weder ein Fundort noch eine Größenangabe genannt. Dies ist nicht unbedingt korrekt, aber doch beabsichtigt. Das Schöne und zugleich Faszinierende am Sammeln von Strandsteinen ist ja, dass man jeden Stein an jeder Küste finden kann. Es gibt zwar Unterschiede in der Häufigkeit, aber ein Geschiebe ist nicht zwangsläufig an einen Fundort gebunden. Die Größe ergibt sich meistens aus den umgebenden Steinen oder dem Sand, zudem sind Angaben zur Größe einzelner Kristalle in der Beschreibung nachzulesen. Eine mitfotografierte Münze oder der Objektivdeckel würde die Natürlichkeit des Bildes stören. Selbstverständlich wären solche Angaben bei einer exakten wissenschaftlichen Beschreibung unbedingt notwendig.

Bestimmungsmerkmale

Feldspäte

Feldspäte bestehen aus den chemischen Elementen Aluminium, Silicium und Sauerstoff in unterschiedlichen Anteilen sowie einer zusätzlichen Komponente: entweder dem Erdalkalimetall Calcium oder den Alkalimetallen Natrium und Kalium. Kalifeldspäte (= Orthoklas, Mikoklin und Sanidin) enthalten Kalium. Die anderen beiden bilden die Plagioklase. Wer es noch genauer wissen möchte - reine Natrium-Feldspäte werden Albit genannt, reine Calcium-Feldspäte Anorthit. Anorthoklase enthalten alle drei Komponenten, man spricht dann von sog. ternären Feldspäten. Larvikit und Rhombenporphyr (siehe Band 1) enthalten solche Anorthoklase (Abb. 6). Natrium- und Kalium-Feldspäte gehören zu den Alkalifeldspäten. Bei der Abkühlung können sich diese Alkalifeldspat-Kristalle entmischen. Dabei enstehen Natrium-reiche Lamellen in den Kalifeldspäten. Man spricht von perthitischer Entmischung (Abb. 9). Feldspäte besitzen eine gute Spaltbarkeit. Die glatten Bruchflächen reflektieren das einfallende Licht. Diese Spiegelung ist besonders im Sonnenlicht gut zu erkennen (Abb. 7).

Kalifeldspäte

Kalifeldspäte sind auch für den Laien leicht zu erkennen. Sie sind zumeist rosa, rot bis fleischfarben oder braun, aber auch weiße Kristalle kommen vor. Bei der Bestimmung der Gesteine ist die Form der Kalifeldspäte oftmals charakteristisch. Die Kristalle können rechteckig oder abgerundet sein (Abb. 1 - 4). Kalifeldspäte sind nicht zonar gebaut, Kern und Rand sind nicht unterschiedlich gefärbt. Manchmal sind die Feldspäte parallel zueinander eingeregelt, was einem Fließgefüge der bereits kristallisierten Feldspäte in der noch nicht verfestigten Grundmasse von Magmatiten entspricht (Abb. 5). Durch Gebirgsdruck können Kristalle zerbrechen. Ein charakteristisches Merkmal der Kalifeldspäte ist eine sogenannte einfache Verzwillingung, man spricht von sog. „Karlsbader Zwillingen“. Zwei Kristalle sind miteinander verwachsen. Auf einer Spaltfläche spiegelt in diesem Fall nur eine Hälfte des Kalifeldspates (Abb. 8).

---

1. Kalifeldspat-Kristalle, idiomorph, nicht eingeregelt. 2. rechteckiger, weißer Kalifeldspat. 3. roter Kalifeldspat. 4. brauner Kalifeldspat. 5. eingeregelte Kalifeldspäte. 6. Anorthoklas im Larvikit. 7. spiegelnde Kristallfläche eines Kalifeldspates. 8. Kalifeldspat-Zwilling, linksseitig spiegelnd. 9. Kalifeldspat mit perthitischer Entmischung.

1

2

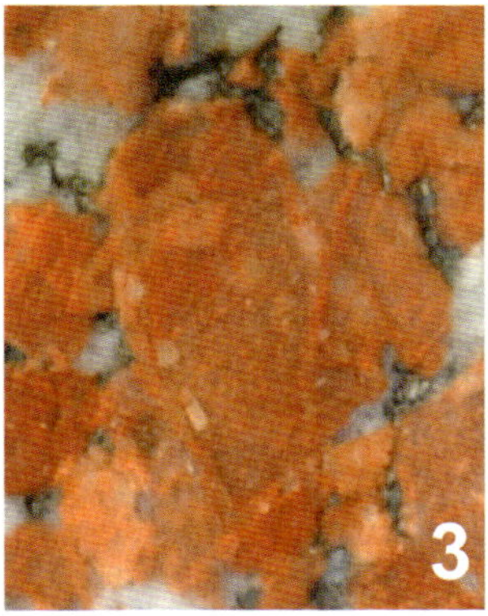
3

4

5

6

7

8

9

Bestimmungsmerkmale

Plagioklas

Plagioklase können vielgestaltige Kristallformen bilden. Häufig sind die Kristalle tafelig oder leistenförmig (Abb. 1 - 2). Manchmal sind viele dünne Leisten sternförmig angeordnet, so in einigen Oslo-Basalten (Abb. 3). Häufig findet man Plagioklas, der sich saumartig um einen großen Kalifeldspat (Åland-Rapakivi-Granit, Filipstad-Granite) legt (Abb. 4).

Bei manchen Plagioklasen ist das Innere des Kristalls anders gefärbt ist als der Rand. Die chemische Zusammensetzung des Magmas verändert sich während der Abkühlung leicht und dies wirkt sich auf die Kristallbildung aus. Man erkennt schließlich unterschiedlich gefärbte Wachstumszonen, die besonders bei alterierten Plagioklasen deutlich hervortreten (Abb. 5 - 6). Der zonare Aufbau ist nur von Plagioklasen bekannt, er kommt vorwiegend bei Vulkaniten und in Ganggesteinen vor.

Ein charakateristisches Kennzeichen für Plagioklase ist die polysynthetische Verzwillingung. Auf den Spaltflächen der Plagioklaskristalle kann man mit der Lupe in Licht reflektierender Stellung eine feine, geometrisch äußerst exakte Zwillingsstreifung erkennen, die aus der lamellaren Verwachsung (hauchdünner) Kristalle resultiert (Abb. 7).

In Gesteinen mit zwei Feldspäten sind die Plagioklase in der Regel kleiner und heller als die Kalifeldspäte. Ihre Farbe variiert von grau über weiß und grün bis zu gelb (Abb. 9 - 12). Tiefroter Plagioklas kommt vor, ist aber eher selten. Die grüne Farbe vieler Plagioklas-Kristalle ist dabei auf sog. Alteration zurückzuführen, die meist vom Kern ausgeht (Abb. 8). Bei der Alteration entsteht grüngefärbter Epidot.

Dunkle Gesteine mit nur einer Sorte Feldspat führen meist Plagioklas. Plagioklase sind übrigens deutlich instabiler als Kalifeldspäte und verwittern schneller.

---

1. Plagioklas-Kristalle, weiß, rechteckig. 2. leistenförmige Plagioklas-Kristalle. 3. sternförmig angeordnete Plagioklas-Kristalle. 4. ringförmiger Plagioklas. 5. eckiger Plagioklas mit grünem Kern. 6. zonierter Plagioklas. 7. Zwillingsstreifung. 8. alterierter Plagioklas. 9. roter Plagioklas. 10. oranger Plagioklas. 11. gelber Plagioklas. 12. grüner Plagioklas.

1

2

3

4

5

6

7

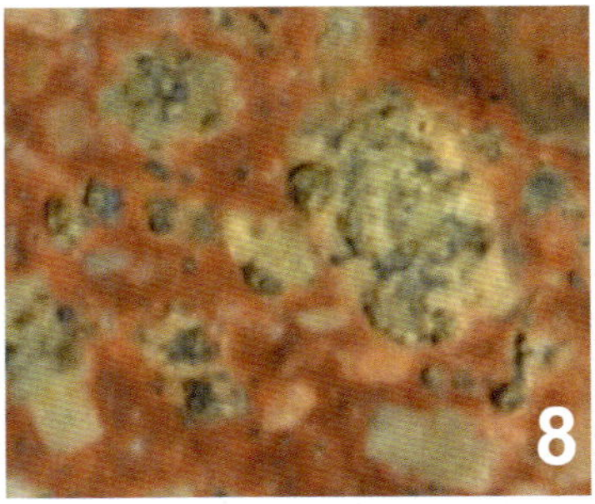
8

9

10

11

12

Bestimmungsmerkmale

Quarz

Neben den Feldspäten ist Quarz das häufigste Mineral, das uns in den Strandsteinen begegnet. Er besteht aus reiner Kieselsäure und ist sehr verwitterungsresistent. Der feine Strandsand besteht nahezu ausschließlich aus kleinen Quarzkörnchen, den Resten zerriebener Gesteine. Sandsteine bestehen zum größten Teil aus Milliarden miteinander verkitteter Quarzkörnchen.

Quarz hat keine Spaltbarkeit. Er bricht muschelig, was man besonders gut bei angeschlagenen, ebenfalls aus Kieselsäure bestehenden Feuersteinen sieht.

In den kristallinen Gesteinen begegnet uns der Quarz als xenomorphe, d. h. gestaltlose Masse (Abb. 1) oder als idiomorpher, d. h. eigengestaltiger Kristall, im Idealfall mit sechseckigem Umriss (Abb. 2). Besteht der Quarz eines Gesteins aus zahlreichen winzigkleinen Körnchen, spricht man von zuckerigem Quarz (Abb. 3). Manchmal sind die Quarze in die Feldspäte eingewachsen, man spricht von graphischen Verwachsungen (Abb. 4 - 5). Sie sind besonders auffällig im Schriftgranit, kommen aber ebenso in Rapakivi-Graniten vor, wo man sie allerdings nur mit der Lupe erkennen kann.

Quarz ist meist farblos, weiß oder grau. In Småland-Graniten (einschließlich der Filipstad-Granite) und -Porphyren sowie im Uppsala-Granit kommt blauer Quarz vor. Vor allem die Åland-Granite und -Porphyre führen grauen bis dunkelbraunen Quarz (Abb. 7 - 11).

Rapakivi-Granite besitzen zwei Generationen von Quarz, die sich zu verschiedenen Zeiten gebildet haben. Man findet also nebeneinander große, meist runde Quarzkörner der ersten Generation, sowie kleine, eckige bis kommaförmige, etwas jüngere Quarze der zweiten Generation. Die großen, runden Quarze in den Åland-Quarzporphyren zeigen häufig Anlösungserscheinungen, die Quarzkörner sind von tiefen Furchen durchzogen (Abb. 6). In die Löcher hat sich der Feldspat der Grundmasse eingelagert. In der Regel findet sich in einem Gestein jedoch nur eine Quarz-Form. Aber es gibt noch eine Ausnahme. In einigen Småland-Graniten liegen idiomorphe Quarzkörnchen in einer xenomorphen Quarzmasse (Uthammar-Granit, s. S. 46). Gelegentlich findet man Gerölle von reinem Quarz am Strand (Abb. 12) .

---

1. xenomorpher Quarz. 2. idiomorphe Quarzkörnchen. 3. zuckeriger Quarz. 4. graphische Verwachsungen in Schriftgranit. 5. graphische Verwachsungen. 6. durch hohe Temeratur teilweise angelöster Quarz (magmatische Korrosion). 7. weißer Quarz. 8. blauer Quarz. 9. violetter Quarz. 10. hellgrauer Quarz. 11. dunkelgrauer Quarz. 12. Quarzgeröll am Strand.

1

2

3

4

5

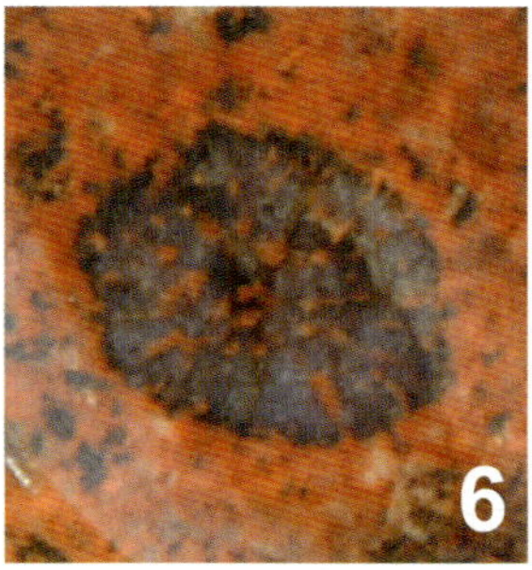
6

7

8

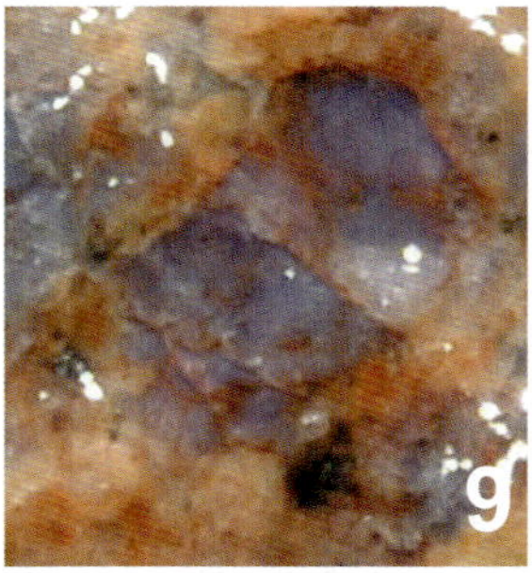
9

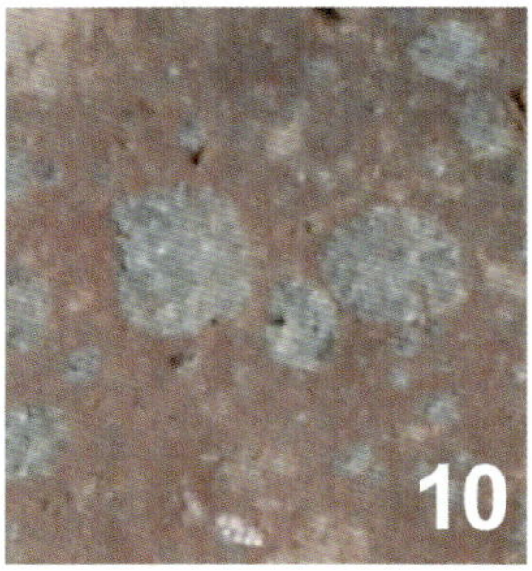
10

11

12

Bestimmungsmerkmale

Glimmer & dunkle Minerale

Neben den hellen Mineralen Feldspat und Quarz führt ein Gestein in unterschiedlichen Anteilen dunkle (mafische) Minerale. Dazu gehören vor allem Glimmer, Amphibole und Pyroxene.

Zu den Glimmern zählen der helle Muskovit (Abb. 1) und der dunkle Biotit (Abb. 2 - 3). Glimmer ist in hauchdünne Täfelchen spaltbar. Die extrem glatten Spaltflächen reflektieren das Licht. Die Blättchen sind mit einer Nadel biegbar und durchscheinend. Meistens kommt nur eine Glimmerart in einem Gestein vor. In Graniten ist dies meist Biotit, Muskovit ist viel seltener. Es gibt Granite, in denen beide Glimmer nebeneinander auftreten. Muskovit ist häufig in Metamorphiten, er fehlt in Vulkaniten. Glimmer durchzieht in dünnen Streifen, Nestern, Plättchen oder Schlieren das Gestein.
Der wichtigste Vertreter der Amphibole ist Hornblende (Abb. 4 - 6). Die schwarzen bis tiefdunkelgrünen Kristalle sind meistens kompakt, können manchmal aber auch langgestreckt, stab- oder nadelförmig sein. Hornblende hat eine gute Spaltbarkeit, dadurch besitzten Bruchflächen einen lebhaften, glas- bis lackartigen Glanz. Die Kristalle haben im Idealfall einen sechs- oder achteckigen Umriss. Gelegentlich bildet Hornblende Säume um andere Minerale (Abb. 7). Hornblende kommt vorwiegend in Graniten, Gneisen und Amphiboliten vor. Hornblende und Glimmer können sich durch Alteration in dunkelgrünen, glimmerähnlichen Chlorit umwandeln (Chloritisierung, Abb. 11).
Sehr ähnlich den Amphibolen sind die Pyroxene mit dem Hauptvertreter Augit (Abb. 8 - 9). Pyroxen bildet eher gedrungene Kristalle. Die Spaltbarkeit bei Pyroxenen ist im Vergleich zu den Amphibolen schlecht. Daraus resultiert auch ein schwächerer Glanz. Augit ist häufiger Bestandteil von dunklen Gesteinen wie Basalten, Diabasen, Dioriten und Gabbros. Augit ist beispielsweise beim Kinne-Diabas für die charakteristische, gefleckte Verwitterungsoberfläche verantwortlich. Amphibol kann Pyroxen verdrängen, man spricht dann von Uralitisierung (vgl. Uralit-Porphyrit im ersten Band).
Für die Bestimmung einiger Granite ist das Auftreten von winzigen, im Idealfall rautenförmigen, meist gelblich oder bräunlich gefärbten Titanit-Kristallen (Abb. 10) wichtig. Gelegentlich tritt Turmalin (Abb. 12 - 13) in Graniten oder Pegmatiten auf. Dieser ist am dreieckigem Querschnitt der Kristalle erkennbar.

---

1. Muskovit. 2. Biotit. 3. Biotit in Schlieren. 4. nadelförmige Hornblendekristalle. 5. längliche Hornblendekristalle. 6. gedrungene Hornblendekristalle mit glatter Bruchfläche. 7. ringförmige Hornblende. 8. Augit in Diorit. 9. Augit in Oslo-Basaltmandelstein. 10. Titanit-Kristall. 11. Chlorit-Aggregat in Granit. 12. längliche Turmaline. 13. Turmalin mit dreieckigem Querschnitt.

1

2

3

4

5

6

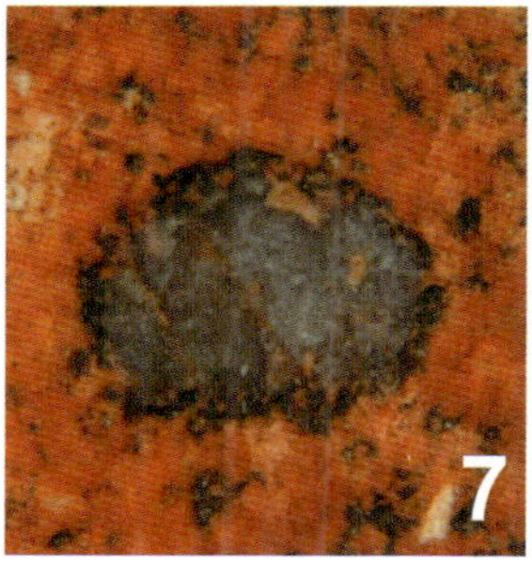
7

8

9

10

11

12

13

Drammen-Rapakivi-Granit

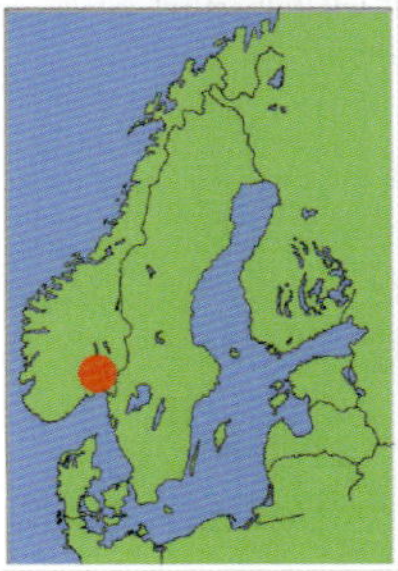

Alter: 295 Millionen Jahre.
Herkunft: Oslo-Gebiet.
Beschreibung: Drammen-Rapakivi ist zwar als Geschiebe nur selten zu finden, aber er ist leicht kenntlich. In der lachsfarbenen Grundmasse liegen Ovoide von ein bis drei Zentimetern Durchmesser. Manchmal sind diese Einsprenglinge zoniert, meistens sind sie jedoch einfarbig oder besitzen unscharf begrenzte Farbflecken innerhalb des Kristalls. Besonders im nassen Zustand treten die Ovoide deutlich hervor. Die Quarze der ersten Generation sind graublau und rundlich. Quarz der zweiten Generation liegt in Form eckiger Körnchen sehr zahlreich in der Grundmasse. Dunke Minerale treten stark zurück. Die besten Chancen auf Funde dieses Gesteines hat man an den Küsten Nord-Jütlands.
Häufigkeit: selten.

Drammen-Granit

Alter: 295 Millionen Jahre.
Herkunft: Oslo-Gebiet.
Beschreibung: Auch der Drammen-Granit zeigt die typische orangerote bis lachsfarbene Färbung des Drammen-Rapakivis. Es fehlen jedoch die großen Feldspat-Ovoide. Der Quarz ist dafür viel zahlreicher, zumeist eckig und zieht mitunter kettenförmig aufgereiht durch das Gestein. Einige gelbliche Plagioklase sind vorhanden. Dunkle Minerale spielen auch hier nur eine untergeordnete Rolle. Ähnliche Granite aus Åland oder Finnland sind meistens kontrastreicher.
Drammen-Granit findet sich gelegentlich in West- und Nord-Jütland, in Schleswig-Holstein sehr selten und noch weiter östlich nur in Ausnahmefällen.
Häufigkeit: selten.

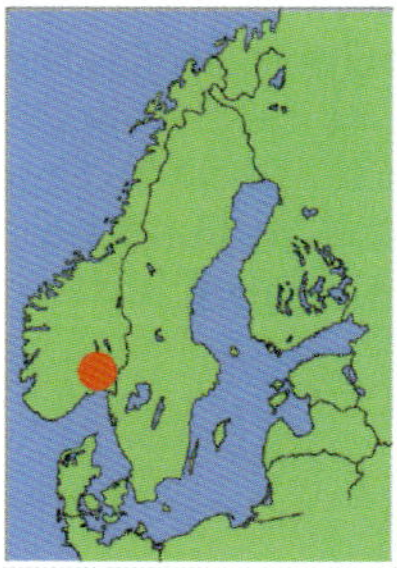

Oslo-Biotit-Granit

Alter: 295 Millionen Jahre.
Herkunft: Oslo-Gebiet.
Beschreibung: Südwestlich von Oslo steht in der Nähe von Drammen ein graubrauner Granit an. Auffällig sind die hellen, bis 1 cm großen, unregelmäßig geformten Feldspäte. Die Quarze sind rundlich, grau, bis 2 mm groß. Die Grundmasse besteht fast ausschließlich aus Feldspat und Quarz.
Biotit ist nur spärlich vorhanden, aber anhand der kleinen schwarzen Flecken deutlich zu erkennen.
Der Oslo-Biotit-Granit gehört zur Gruppe der Drammen-Granite. Er ist in Nord- und West-Jütland nur selten zu finden, andere Fundorte sind kaum bekannt.
Häufigkeit: selten.

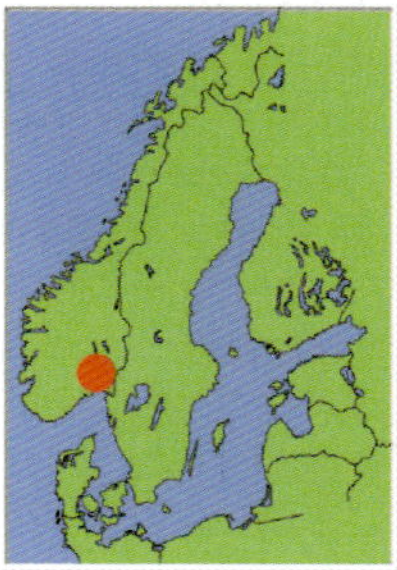

Bohuslän-Granit

Alter: 900 Millionen Jahre.
Herkunft: Bohuslän.
Beschreibung: Der Bohuslän-Granit ist feinkörnig und gleichkörnig, die einzelnen Kristalle erreichen kaum 5 mm Länge, bleiben meistens darunter. Die Korngrenzen sind dabei deutlich erkennbar. Biotit kommt in kleinen schwarzen Flecken vor. Die Quarze sind meist braun oder (dunkel-)grau.
Der Grundfarbton dieser Granite ist gelblich oder blassrot und wird durch die Kalifeldspäte bestimmt. Es gibt eine seltenene Variante mit tiefroten Feldspatkristallen. Die Plagioklase sind hell, gelblich bis grünweiß.
Mit seinen 900 Millionen Jahren gehört der Bohuslän-Granit zu den jüngsten Graniten in Skandinavien.
Häufigkeit: nicht wirklich häufig.

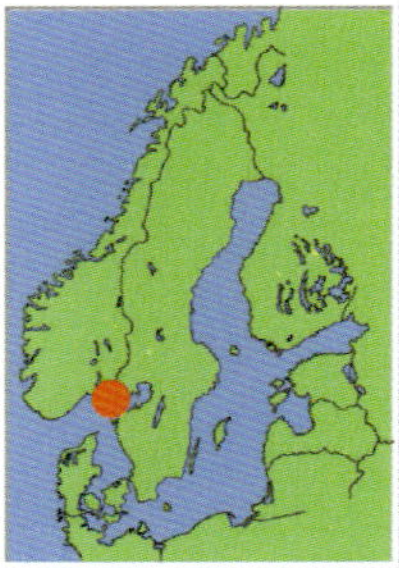

Rätan-Granit

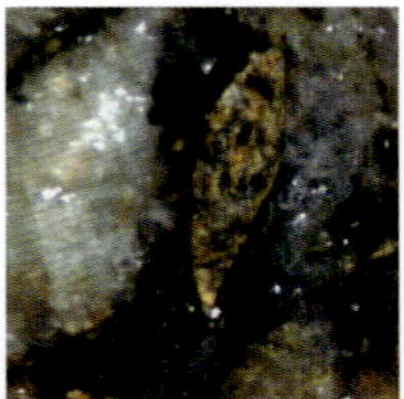

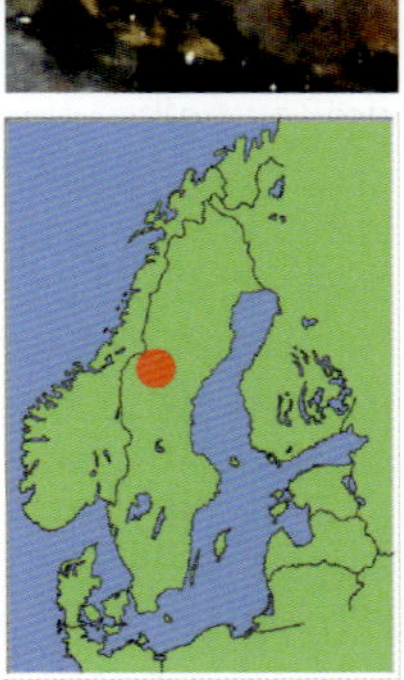

Alter: 1,8 Milliarden Jahre.
Herkunft: Härjedalen bis Jämtland.
Beschreibung: Der Rätan-Granit ist deutlich ungleichkörnig. Beherrschendes Element sind große, meist gerundete, hellrote Kalifeldspatkristalle. Der Quarz ist blaugrau und milchig trüb. Das Gestein enthält viel grünlichen Plagioklas und schwarzen Biotit. Der Rätan-Granit führt immer viele gelb-braune Titanitkörnchen (s. Abb. rechts; vgl. S. 30), die man aufgrund ihrer geringen Größe aber mit der Lupe suchen muss.
Häufigkeit: selten.

Grüner Rätan-Granit

Alter: 1,8 Milliarden Jahre.
Herkunft: Härjedalen.
Beschreibung: Der Grüne Rätan-Granit ist in Wirklichkeit ein Monzonit (s. S. 67), denn er enthält sehr viel mehr Plagioklas als Kalifeldspat. Plagioklas liegt in Form von kleinen, weißgrünen oder grünen, eckigen bis quadratischen Kristallen vor. Der Kalifeldspat ist mit 1 bis 2 Zentimetern bedeutend größer, hellrot bis rosa, in frischen Gesteinen manchmal auch sattrot. Er ist meist ovoid oder unregelmäßig geformt, gelegentlich auch rechteckig. Quarz spielt nur eine untergeordnete Rolle, kommt in Form von kleinen, weißblauen bis grauen, rundlichen Körnern vor. Die dunklen Partien des Gesteins bestehen aus Biotit und eckigen schwarzen Hornblende-Kristallen. Sie kommen häufig in kurzen Streifen vor. Im Rätan-Granit sind stets viele braune Titanit-Kristalle (s. S. 30, 36) zu finden.
Häufigkeit: nicht allzu selten.

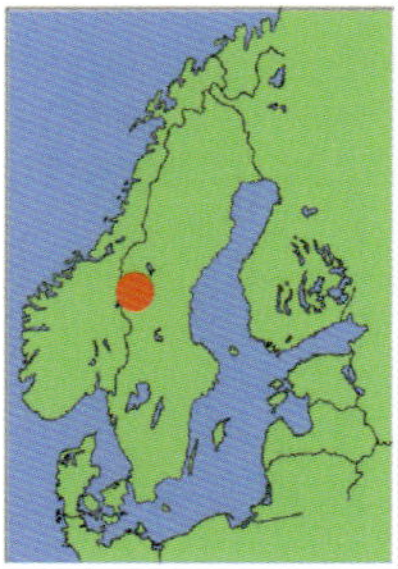

Rot-Grüner Järna-Granit

Alter: 1,87 Milliarden Jahre.
Herkunft: Dalarna bis Värmland.
Beschreibung: Sehr auffällig und leicht kenntlich ist der Rot-Grüne Järna-Granit. Er besitzt ziegelrote Kalifeldspäte, himmelblaue Quarze und schmutzigweiße sowie hellgrüne Plagioklaskristalle. Die dunklen Flecken sind Aggregate aus Biotit und Chlorit, auch schwarze, eckige Hornblendekristalle kommen vor. Quarz und Feldspat scheinen in der grünen Grundmasse zu schwimmen.
Obwohl Granite mit blauen Quarzen normalerweise in Småland beheimatet sind, ist dieser doch sicher bestimmbar und deutlich weiter im Norden beheimatet.
Häufigkeit: verbreitet.

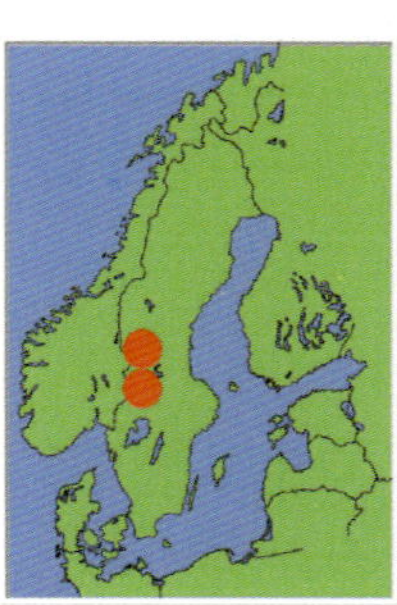

Björna-Granit

Alter: 1,75 Milliarden Jahre.
Herkunft: Ångermanland.
Beschreibung: Der Björna- oder Rote Revsund -Granit ist wie der Weiße Revsund-Granit von mehrere Zentimeter großen, rechteckigen, rosaroten Feldspäten geprägt, die deutlich längs gestreckt sind und mitunter eingeregelt sein können. Der Plagioklas ist weiß bis gelblich gefärbt. Biotit kommt in Flecken vor. Der Quarz ist hellgrau. Das Gestein verwittert leicht, wird dadurch bröckelig und besitzt häufig eine unebene Oberfläche.
Häufigkeit: selten.

Fotos: Matthias Bräunlich.

Porphyrischer Graversfors-Granit

Alter: 1,7 Milliarden Jahre.
Herkunft: Östergötland.
Beschreibung: Der Porphyrische Graversfors-Granit ist grobkörnig und ungleichkörnig. Auffällig sind mehrere Zentimeter große, rötliche Kalifeldspäte, die oft von roten Äderchen durchzogen werden und teilweise perthitische Entmischung zeigen. Sie wirken dadurch fleckig. Die Kalifeldspäte sind von gelborangen, kleinkörnigen Plagioklasen umgeben, wobei ein vollständiger Saum selten ist und nur bei kleineren Kristallen vorkommt. Der Quarz ist graublau. Biotit kommt in großen, schwarzen Aggregaten vor. Bei dem ähnlichen Rote Revsund-Granit (Björna-Granit, S. 39) sind die Feldspäte zwar ebenfalls rechteckig und groß, aber in der Regel einheitlich rot gefärbt, deutlich längs gestreckt und mitunter eingeregelt. Biotit kommt hier in Flecken vor, nicht in Schlieren.
Häufigkeit: ziemlich selten.

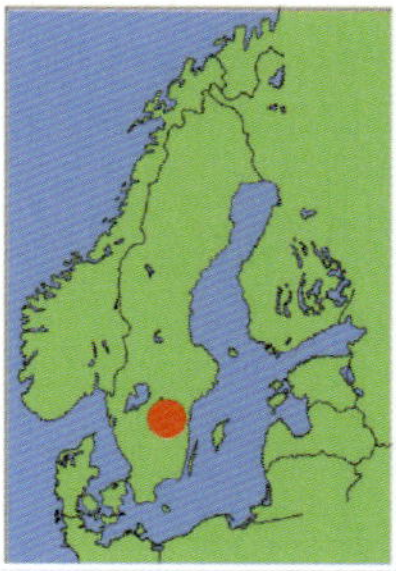

Roter Graversfors-Granit

Alter: 1,7 Milliarden Jahre.
Herkunft: Östergötland.
Beschreibung: Der Rote Graversfors-Granit ähnelt sehr stark dem Vånevik-Granit aus Småland. Auffallend sind die sattroten, oftmals miteinander verwachsenen Feldspäte und die blauen bis blauvioletten Quarze, die sich in zusammenhängenden Bändern durch das Gestein ziehen. Dunkle Minerale wie Biotit sind die Ausnahme, kommen im Vånevik-Granit s. S. 45) hingegen häufig vor. Der Rote Graversfors-Granit führt hin und wieder einzelne, wenige Millimeter große, gelbliche Plagioklaskörnchen.
Häufigkeit: selten.

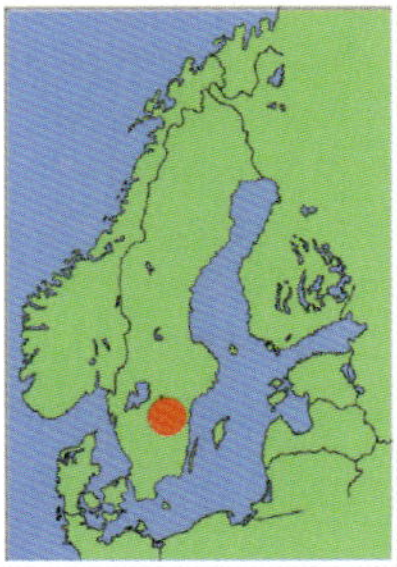

Kinda-Granit

Alter: 1,7 Milliarden Jahre.
Herkunft: Östergötland.
Beschreibung: Der Kinda-Granit besitzt braunviolette Feldspäte, wie sie für die meisten Östergötland-Granite typisch sind. Sie sind meist unregelmäßig rechteckig im Umriss und verleihen dem Gestein durch ihre Größe einen ungleichkörnigen Charakter. Kennzeichnend sind auch die blauen Quarze. Der Plagioklas ist gelb, einzelne scharf umgrenzte Körner sind orange. Dieser legt sich zum Teil als Saum um die Kalifeldspäte. Der Granit enthält relativ viel Biotit, wirkt dadurch dunkel. In der Kombination der blauen Quarze, der braunen Kalifeldspäte und der orangen Plagioklase sind diese Granite von den Småland-Graniten zu unterscheiden. Der Kinda-Granit gehört zur Gruppe der Filipstad-Granite.
Häufigkeit: nicht allzu selten.

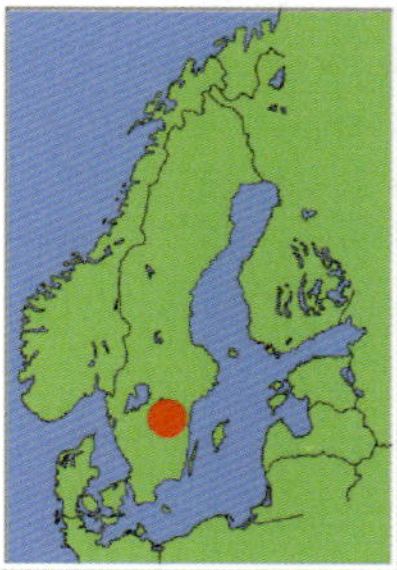

Kristinehamn-Granit

Alter: 1,65 Milliarden Jahre.
Herkunft: Östergötland.
Beschreibung: Der Kristinehamn-Granit gehört wie der Kinda-Granit zur Gruppe der Filipstad-Granite. Die Kalifeldspäte sind braun bis violett, abgerundet viereckig und meist um einen Zentimeter groß. Sie liegen im Abstand von einigen Zentimetern regellos im Gestein verteilt. Der Plagioklas ist sowohl weißlich-gelb als auch lebhaft orange. Auffällig sind kleine, blaue Quarze. In einigen Varietäten können sie auch weißgrau gefärbt sein. Biotit kommt in unregelmäßig geformten, dunklen Flecken vor. Titanit-Körnchen und rechteckige Hornblende-Kristalle sind regelmäßig zu beobachten.
Häufigkeit: nicht allzu häufig.

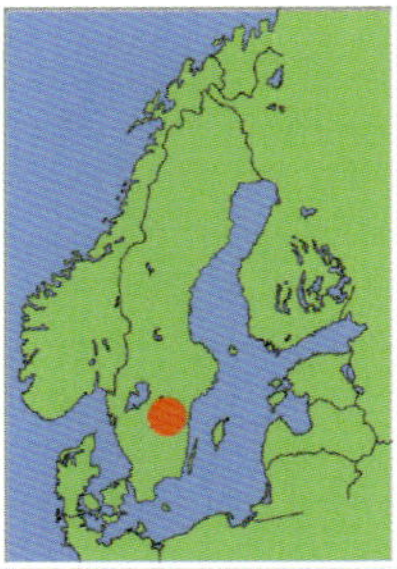

Götemar-Granit

Alter: 1,4 Milliarden Jahre.
Herkunft: Småland.
Beschreibung: Der Götemar-Granit ist einer der südlichsten Rapakivis Skandinaviens. Kennzeichnend ist das intensive Rot der Kalifeldspäte, die in der Regel rechteckig ausgebildet sind. Man kann blaugraue, größere und gerundete Quarze erkennen, sowie kleinere, braunviolette und oftmals kantige Quarzkörnchen, die die Quarze der ersten Generation umgeben. Die Quarze sind kettenförmig angeordnet und umschließen die Feldspäte. Die beiden Quarzgenerationen kennzeichnen den Götemar-Granit als Rapakivi. Plagioklas kommt nicht vor. Biotit spiel nur eine untergeordnete Rolle. Im Götemar-Granit kann selten violetter Flußspat auftreten.
Häufigkeit: selten.

Vånevik-Granit

Alter: 1,8 Milliarden Jahre.
Herkunft: Småland.
Beschreibung: Der Vånevik-Granit gehört zu den Småland-Graniten. Besonders auffallend sind die violett-blauen Quarze, die bei nassen oder feuchten Steinen besonders hervortreten. Sie sind zu mehr oder weniger großen Komplexen vereinigt. Manchmal sind die Quarze von violett-roten Adern durchzogen. Der Feldspat ist braunrot. Biotit kommt in kleinen Aggregaten vor, ist in manchen Geschieben grünlich (Chlorit). Der Vånevik-Granit enthält in Gegensatz zu dem sehr ähnlichen Graversfors-Granit (s. S. 41) 1 - 3 Millimeter große, bräunliche Titanit-Körnchen. Im trockenen Zustand sind diese Gesteine kaum von anderen roten Graniten zu unterscheiden.
Häufigkeit: nicht allzu selten.

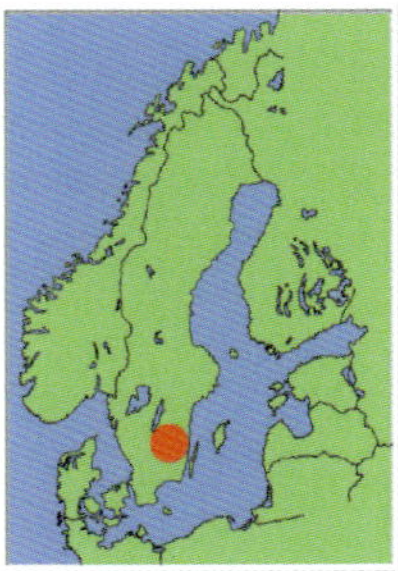

Uthammar-Granit

Alter: 1,8 Milliarden Jahre.
Herkunft: Småland.
Beschreibung: Besonders auffällig sind beim Uthammar-Granit die roten Kalifeldspäte. Einige von ihnen sind rechteckig, etwa 1 x 2 cm groß, und diese stellen ein wichtiges Bestimmungsmerkmal dar. Oft sind die Feldspäte miteinander verwachsen. Der Quarz ist weiß, milchig, und zu größeren Aggregaten vereinigt. Manchmal kann man in den Quarzbändern idiomorphe, d. h. eigengestaltige Quarze entdecken. Biotit kommt untergeordnet in kleineren dunklen Flecken vor.
Häufigkeit: nicht selten.

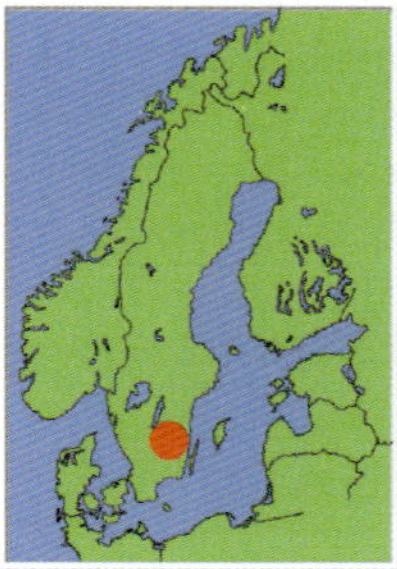

Mariannelund-Granit

Alter: 1,8 Milliarden Jahre.
Herkunft: Småland.
Beschreibung: Der Mariannelund-Granit gehört zu den Småland-Graniten, die man alle an den blauen Quarzen gut erkennen kann. Die Feldspäte sind teils rund, teils rechteckig, manchmal mit hellem, oftmals unvollständigem Plagioklasring. Der Quarz ist milchig grau-blau. Besonders charakteristisch sind die teils haarfeinen dunklen Glimmer-Streifen, die manchmal sogar die Feldspäte durchschneiden (im Bild der große Feldspat oben in der Mitte). Dann ist das Gestein eindeutig bestimmbar.
Häufigkeit: nicht selten, wird aber häufig übersehen.

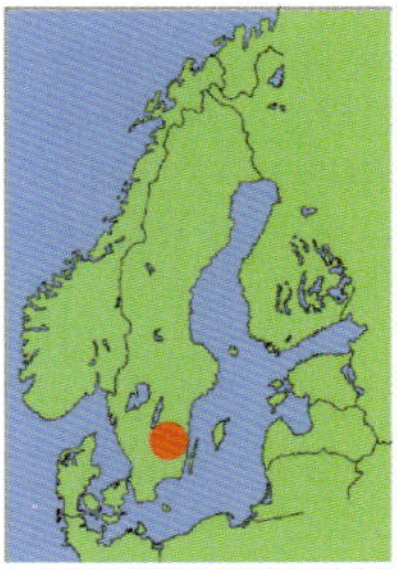

Grauer Växjö-Granit

Alter: 1,8 Milliarden Jahre.
Herkunft: Småland.
Beschreibung: Oftmals werden verschiedene graue Granite mit dem Sammelnamen „Grauer Växjö" belegt. Im engen Sinn handelt es sich hierbei um einen gleichkörnigen Granit ohne auffallend große Feldspäte („nicht-porphyrisch"). Die Kristalle bleiben meistens unter der 1 cm-Marke. Das Gestein erscheint zwar grau, bei genauem Hinsehen fallen aber einige rosabraune Kalifeldspäte auf. Plagioklas ist grauweiß bis grünlich. Der Quarz ist wie bei den meisten Småland-Graniten bläulich. Biotit kommt in kleinen Schmitzen vor. Der Graue Växjö-Granit kann mehr oder weniger große Xenolithe eines dunklen (mafischen) Gesteins führen. Auch ein leicht gneisartiges Gefüge ist gelegentlich zu beobachten.
Häufigkeit: verbreitet, aber nicht immer sicher zu bestimmen.

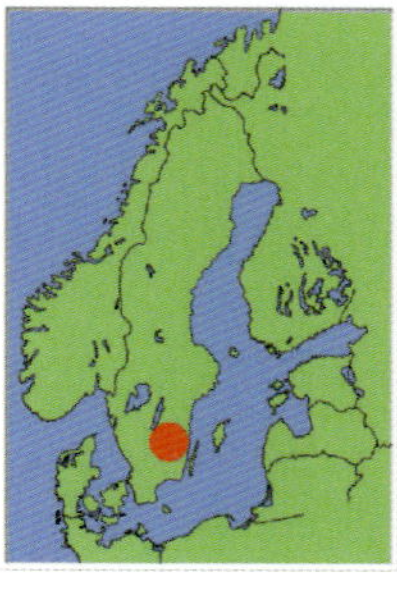

Stockholm-Fleckengranit

Alter: 1,8 Milliarden Jahre.
Herkunft: Uppland.
Beschreibung: Der Stockholm-Fleckengranit besitzt eine feinkörnige, jedoch niemals dichte Grundmasse, die quarz-, feldspat- und biotitreich ist. Unter der Lupe ist eine feine Pfeffer-Salz-Struktur erkennbar, anders als bei dem ähnlichen Stockholm-Fleckenquarzit, dessen dichtere Grundmasse fast ausschließlich aus Quarz besteht. Auch schmale, dunkle Biotitstreifen fallen auf. Typisch sind die leicht ellipsoiden, bis 1 cm großen Flecken, die manchmal einen schwarzen Biotit-Kern haben können. Der Saum besteht aus hellem Feldspat. Die leicht metamorphe Prägung des Gesteins ist nicht zu übersehen, weswegen der Name Gneisgranit passender wäre.
Häufigkeit: sehr selten.

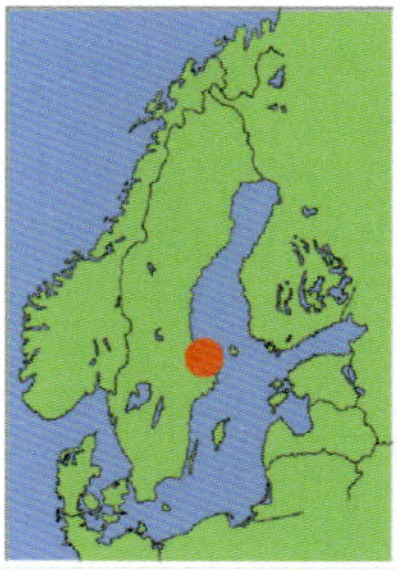

Arnö-Granit

Alter: 1,8 Milliarden Jahre.
Herkunft: Uppland.
Beschreibung: Kennzeichnend für den Arnö-Granit sind große, rechteckige, weiße Kalifeldspäte, die mehrere Zentimeter Länge erreichen können. Die Hauptmasse des Gesteins ist von weißen Feldspäten und schwarzem Biotit geprägt, was zu einem geflecktem Aussehen führt. Plagioklas ist in der Regel grünlich getönt. Manchmal sind Plagioklas und Kalifeldspat jedoch anhand der Farbe kaum zu unterscheiden. Einige Kalifeldspäte können (peripher) rötlich getönt sein. Der Quarz ist grau bis blaugrau und kleinkörnig. Häufig zeigt der Arnö-Granit ein schwach gneisartiges Gefüge. Verwitterte Geschiebe können gelblich anlaufen.
Der ähnliche Revsund-Granit ist nicht so deutlich porphyrisch, besitzt auch keine gneisartige Ausprägung.
Häufigkeit: ziemlich selten.

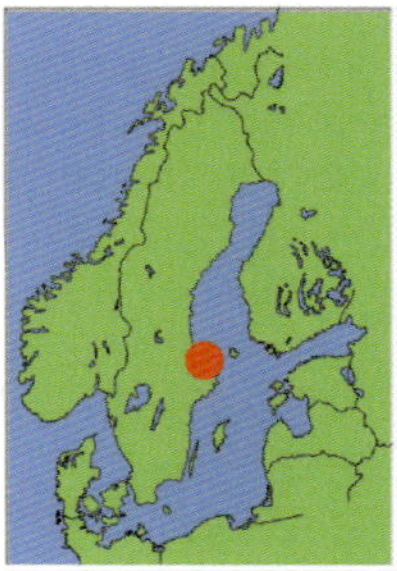

Vänge-Granit

Alter: 1,95 Milliarden Jahre.
Herkunft: Uppland.
Beschreibung: Der Vänge-Granit gehört zu den ältesten Graniten, die im Geschiebe zu finden sind. Der Kalifeldspat ist blaßrosa bis kräftig fleischfarben. Er wird bis 3 cm groß. Der Plagioklas ist bedeutend kleiner, meist unter 5 mm. Er ist grauweiß, kommt teilweise in kleinen, rechteckigen Kristallen vor und ist oftmals an den Rändern der großen Kalifeldspäte orientiert. Das beste Bestimmungsmerkmal ist heller, teils grünlicher bis schmutziggelber, zuckeriger bis feinkörniger Quarz, der sich in Schlieren durch das Gestein zieht und bis zu 40 % der Gesamtmasse ausmacht. Biotit spielt nur eine untergeordnete Rolle und kommt in kleinen schwarzen Aggregaten vor.
Häufigkeit: nicht allzu selten, wird aber häufig übersehen.

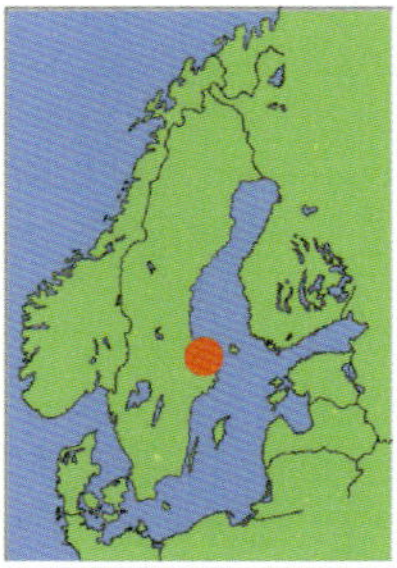

Rödö-Granit

Alter: 1,5 Milliarden Jahre.
Herkunft: östliches Mittelschweden.
Beschreibung: Der Rödo-Granit ähnelt auf dem ersten Blick dem Åland-Granit sehr stark. Es gibt aber einige feine Unterschiede. Rödö-Granit kann als einziger Granit weißen Kalkspat in kleinen, unregelmäßigen Flecken führen. Der Nachweis kann mit Salz- oder Essigsäure erfolgen, Kalk braust beim Betropfen mit Säure auf. Leider enthält nicht jedes Geschiebe diese Kalkzwickel. Charakteristisch sind auch gelb bis gelbgrün verwitternde Feldspäte, kleine, runde und helle Quarzkörnchen (in den Åland-Gesteinen sind sie meist dunkel) und beim Rödö-Rapakivi-Granit sind die hellroten Kalifeldspäte von dunkelrotem Plagioklas umsäumt. Es gibt alle Übergänge zwischen Granit, Rapakivi (mit kleinen graphischen Quarzen in der Grundmasse), porphyrischen Graniten und Quarzporphyren. Letztere sind allerdings nicht leicht zu bestimmen.
Häufigkeit: selten.

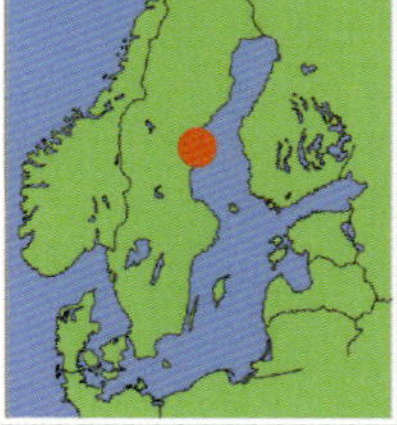

Åland-Porphyr-Aplit

Alter: 1,6 Milliarden Jahre.
Herkunft: Åland.
Beschreibung: In der feinen Grundmasse eines Åland-Aplitgranites schwimmen einige größere, rötliche Kalifeldspatkristalle mit hellem Plagioklasring. Dies verleiht dem Gestein ein rapakivi-ähnliches Aussehen. Einige dunkle Minerale sind in kleinen Flecken erkennbar. Die ziegelrote Farbe ist kennzeichnend für alle Åland-Gesteine. Es gibt zahlreiche Übergänge zwischen Åland-Aplit, Åland-Granit, Åland-Rapakivi und porphyrischen Varianten dieser Gesteine.
Häufigkeit: relativ häufig.

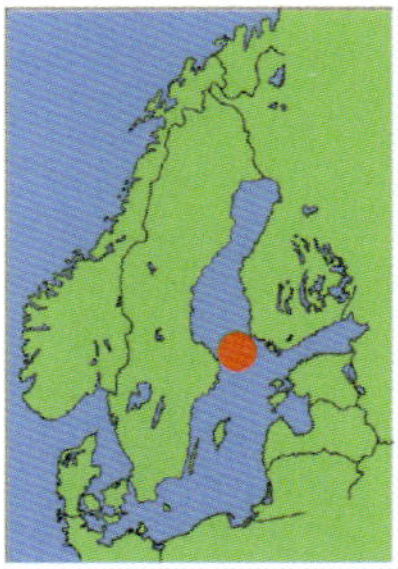

Åland-Granit

<u>Alter</u>: 1,6 Milliarden Jahre.
<u>Herkunft</u>: Åland.
<u>Beschreibung</u>: Åland-Granite fallen durch ihre Farbigkeit am Strand auf. Sie sind teils rot-orange-gelb gefleckt, teils braunrot, dazwischen finden sich größere, dunkelgraue Quarze und fleckenartig dunkle Mineralaggregate von Hornblende und Biotit. In der Grundmasse liegen zahlreiche kleine, komma-artige Quarze. Im Åland-Granit kommen im Gegensatz zum Åland-Rapakivi keine Plagioklasringe um die Feldspatkristalle vor. Auch ein typisches pyterlitisches Gefüge mit großen Feldspat-Ovoiden ohne Plagioklasring fehlt. Die zwei Quarzgenerationen klassifizieren den Åland-Granit dennoch als „Rapakivi" im eigentlichen Sinne.
<u>Häufigkeit</u>: häufig.

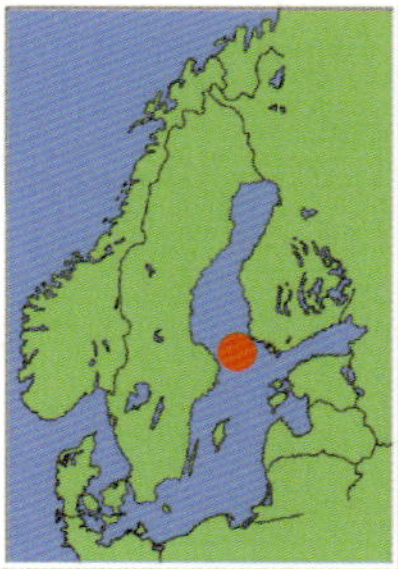

Åland-Aplitgranit

Alter: 1,6 Milliarden Jahre.
Herkunft: Åland.
Beschreibung: Ein Aplit-Granit besitzt eine feinkörnige Grundmasse. Bei genauem Hinsehen sieht man aber kleine rote Felspat-Kristalle. Auch dunkle Minerale kommen in kleinen Flecken vor. Es fehlen hier große und umsäumte Feldspäte. Große runde Quarze sind nicht enthalten. Manchmal sind Hohlräume (Drusen) im Gestein vorhanden, die aber meistens nur durch Aufschlagen des Gesteins sichtbar werden. Löcher auf der Außenseite des Geschiebes können auch aus der Verwitterung von Feldspäten oder Biotitnestern herrührern. Typisch ist auch hier die rotbraune Farbe, die allen Åland-Gesteinen zueigen ist.
Häufigkeit: nicht selten.

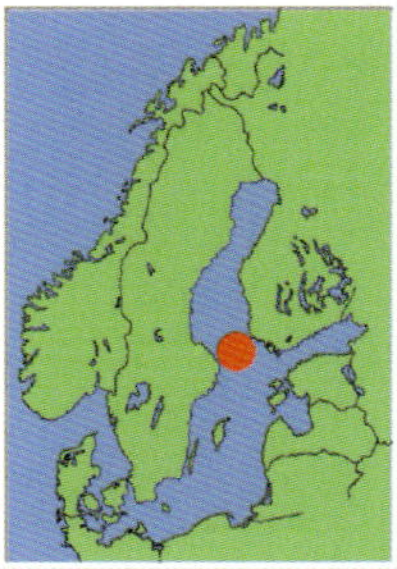

Haga-Granit

Alter: 1,6 Milliarden Jahre.
Herkunft: Åland.
Beschreibung: Der Haga-Granit ist mittel- bis feinkörnig und ziemlich gleichkörnig, die Minerale sind also relativ einheitlich im Raum verteilt. Die Kalifeldspäte sind von von sattroter bis blassroter Farbe. Die Quarze sind idiomorph, haben einen deutlich eckigen Umriss. Graphische Verwachsungen von Quarz in den Feldpäten kommen vor, sind aber eher unbedeutend. So sind gelegentlich kleine Quarzkörnchen in den Feldspäten zu beobachten. Plagioklas spielt nur eine untergeordnete Rolle. Es sind fast keine dunklen Minerale wie Biotit enthalten. Der Haga-Granit ist ein für Åland eher untypisches Gestein.
Häufigkeit: selten.

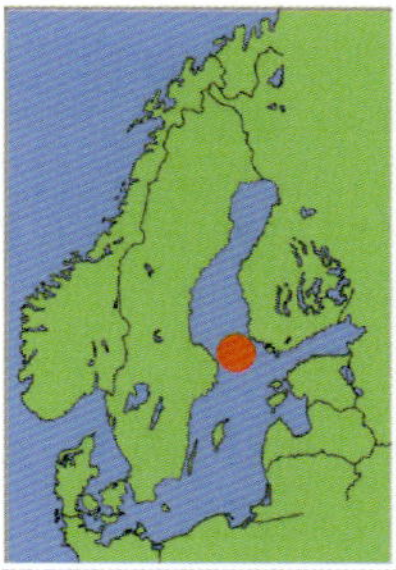

Lemland-Granit

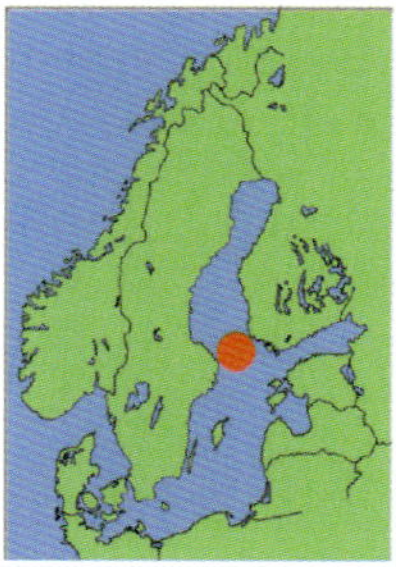

Alter: 1,8 Milliarden Jahre.
Herkunft: Åland.
Beschreibung: Der Lemland-Granit steht im Süden von Åland an. Er ist ein echter Granit, kein Rapakivi. Auffallend sind große, fleischfarbene Kalifeldspäte, die kräftige perthitische Entmischung zeigen (s. Abb. rechts), d. h. von zahlreichen parallel verlaufenden Linien durchzogen sind. Das Gestein enthält reichlich dunkelbraunroten Plagioklas, der sich an die Kalifeldspäte anlagert. Der Quarz ist grau, dunkelgrau bis fast braunviolett. Er ist meist zu größeren Aggregaten vereinigt; dort, wo er als idiomorphes Körnchen vorliegt, auch scharfkantig.
Häufigkeit: selten.

Kökar-Rapakivi-Granit

Alter: 1,6 Milliarden Jahre.
Herkunft: Åland.
Beschreibung: Die rechteckigen Feldspäte sind blassrot bis fleischfarben, zeigen deutliche perthitische Entmischung (Lupe!). Auffallend ist der blutrote bis braunrote Plagioklas, der jedoch keine Ringe um den Kalifeldspat bildet. Wie bei allen Rapakivis sind auch hier zwei Generationen von Quarz vorhanden. Der leider nur sporadisch auftretende himmelblaue Quarz der ersten Generation ist von kleinen grauen und körnigen Quarzen der zweiten Generation umsäumt (Lupe!). Der Kökar-Rapakivi kommt westlich des Kökar-Archipels vor und steht nur auf wenigen kleinen Inseln, u. a. auf Söderharu, an (vgl. BRÄUNLICH auf www.kristallin.de). Man sollte dort, wo gehäuft Åland-Gesteine auftreten, besonders auf dieses Gestein achten.

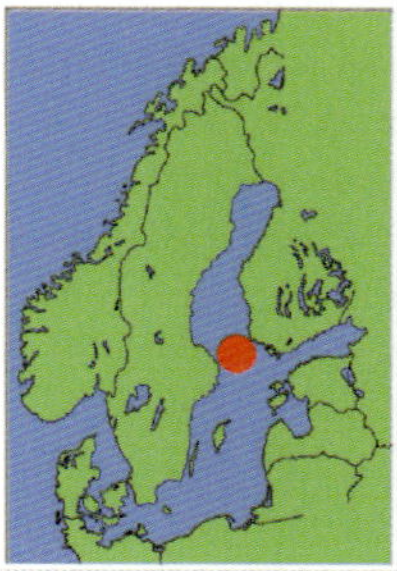

Häufigkeit: selten.

Pyterlit

Alter: 1,6 Milliarden Jahre.
Herkunft: Åland bis Finnland.
Beschreibung: Rapakivi-Granit tritt in verschiedenen Erscheinungsformen auf. Bekannt ist das wiborgitische Gefüge, das durch die großen Plagioklas-Ringe um die eingeschlossenen Kalifeldspäte gekennzeichnet ist. Eine andere Variante ist der Pyterlit. Hier sind die zahlreichen, dunkelgrauen Quarze kettenartig um die ziegelroten, oftmals ovalen Kalifeldspäte herum aufgereiht. Dieses girlandenförmige Muster ist sehr auffällig und charakterisiert diesen Gesteinstyp gut. Plagioklas tritt in kleinen rotbraunen Kristallen oder Flecken auf. Wiborgit und Pyterlit sind nicht die einzigen Erscheinungsformen eines Rapakivi-Granites, aber sie sind auch für den Nicht-Fachmann leicht zu erkennen.
Häufigkeit: häufig.

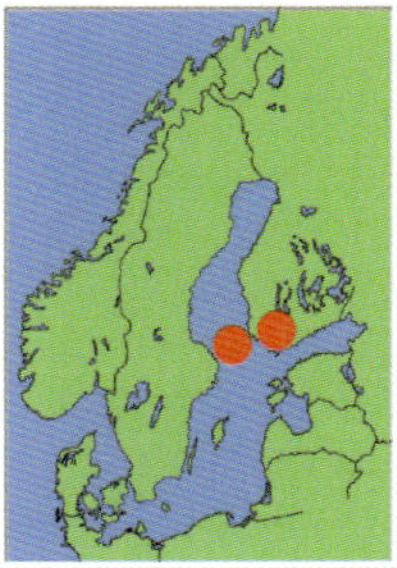

Finnischer Wiborgit

Alter: 1,6 Milliarden Jahre.
Herkunft: SW-Finnland.
Beschreibung: Neben dem häufigen Åland-Rapakivi gibt es weitere Vorkommen von Wiborgiten im Süden von Finnland. Das Gestein ist grobkörniger als die Variante von Åland und vom Grundfarbton eher braun als rot. In der Grundmasse liegen große, runde Feldspäte. Sie können im Anstehenden bis 10 cm Durchmesser erreichen. Der umgebende Plagioklassaum ist dunkel. Neben den großen, grauen, meist ovalen Quarzen der ersten Generation finden sich in der Grundmasse zahlreiche kleine, eckige bis kommaförmige Quarzkörnchen der zweiten Generation. Biotit kommt in größeren Aggregaten vor, liegt in kleinen Flecken aber auch in den Feldspatovoiden.
Funde, die sicher auf das finnische Festland zurückgeführt werden können, sind in der Regel selten bis sehr selten.
Häufigkeit: sehr selten.

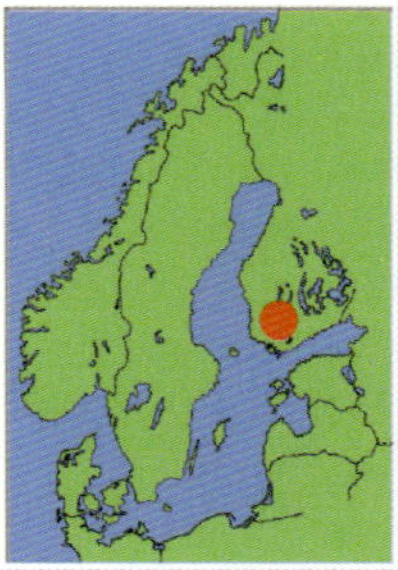

Perniö-Granit

Alter: 1,8 Milliarden Jahre.
Herkunft: SW-Finnland.
Beschreibung: Perniö-Granit ist eines der wenigen Geschiebe, die aus Südwest-Finnland kommen. Die Kalifeldspäte sind hell rosa bis orangerot, rechteckig und erreichen 1 - 2 cm Länge, selten mehr. Sie sind häufig eingeregelt, jedoch ist dies nicht in jedem Geschiebeblock zu beobachten. Viele Kalifeldspäte sind Karlsbader Zwillinge (s. S. 24), was man in der Regel aber nur an frischen Bruchflächen erkennen kann. Sie zeigen zudem pertithische Entmischung. Auffallend ist kleinkörniger, tiefroter Plagioklas. Der Quarz ist grau und relativ unauffällig. Biotit kommt in vielen kleinen Flecken vor. Der ungewöhnlich rote Plagioklas und die verzwillingten, entmischten Feldspäte sind hier wichtige Bestimmungsmerkmale.
Häufigkeit: sehr selten.

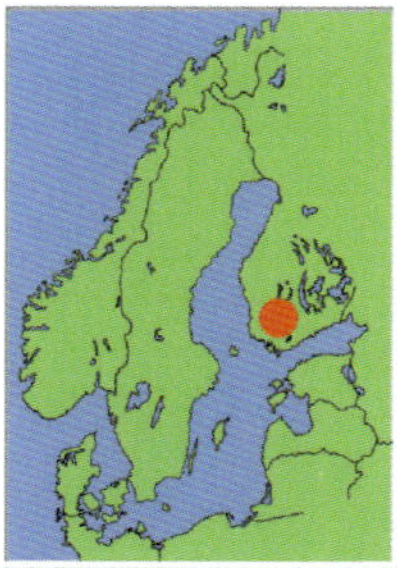

Finnischer Porphyr-Aplit

Alter: 1,6 Milliarden Jahre.
Herkunft: SW-Finnland.
Beschreibung: Der Finnische Porphyr-Aplit ist durch ein paar Merkmale von ähnlichen Åland-Gesteinen zu unterscheiden. Die Grundmasse ist orangerot und deutlich heller. Sie besteht vorwiegend aus Feldspat und Quarz. In dieser Matrix liegen einige große, deutlich gerundete Einschlüsse von Kalifeldspat. Sie besitzen keinen Plagioklasring. Einige kleinere, teils rechteckige Kalifeldspäte kommen ebenfalls vor. Dunkle Minerale wie Biotit treten stark in den Hintergrund.
Häufigkeit: sehr selten.

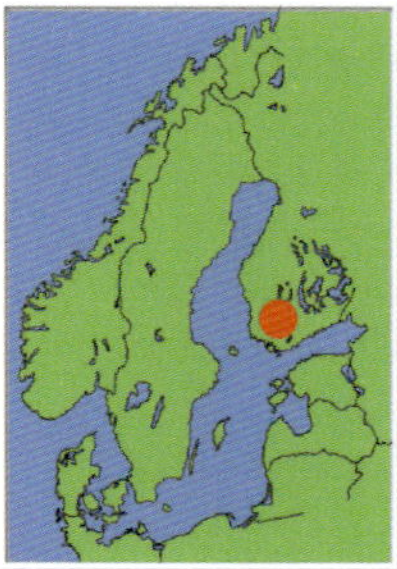

Roter Finnischer Rapakivi-Granit-Porphyr

Alter: 1,6 Milliarden Jahre.
Herkunft: SW-Finnland.
Beschreibung: In der granitischen Grundmasse liegen mehrere Zentimeter große, gelbliche, rundliche bis eiförmige, manchmal zonar aufgebaute Feldspatkristalle. Zudem sind einige kleine Flecken aus dunklem Biotit erkennbar. Die Matrix besteht aus feinkörnigem, auffallend rotem bis rosa Feldspat, weißgelbem Plagioklas und sehr dunklem Quarz. Alle diese Minerale kommen auch in wenige Millimeter großen Kristallen vor.
Gesteine mit einer feinkörnigen Grundmasse und eingelagerten großen Einsprenglingen werden auch als Porphyr-Aplit bezeichnet.
Häufigkeit: selten.

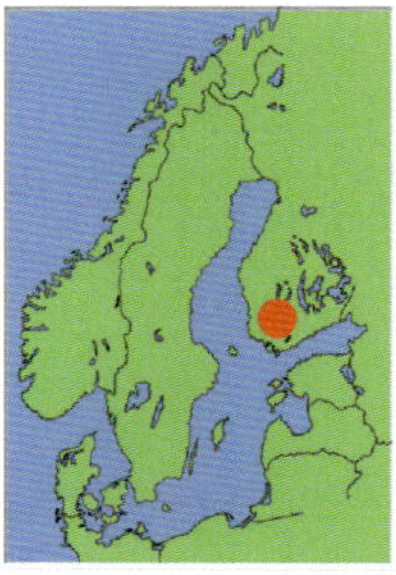

Vang-Granit

Alter: 1,4 Milliarden Jahre.
Herkunft: Bornholm.
Beschreibung: Besonders auffällig beim Vang-Granit sind die zahlreichen rundlichen Biotit-Aggregate. Durch sie erhält der Vang-Granit ein deutlich dunkleres Aussehen als der ebenfalls von Bornholm stammende Hammer-Granit. Fast allen Bornholm-Graniten sind die unscharfen Korngrenzen und ein flächenhaft über die Kristalle hinweg laufender himbeerroter Hämatitüberzug zu eigen. Diese Merkmale kann man jedoch nur auf einer frischen Bruchfläche erkennen.
Häufigkeit: häufig.

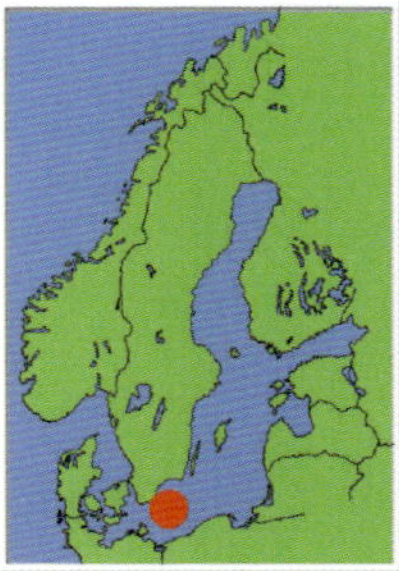

Almindingen-Granit

Alter: 1,4 Milliarden Jahre.
Herkunft: Bornholm.
Beschreibung: Der Almindingen-Granit ist eine aplitische Varietät des Hammer-Granites. Es ist ein sehr heller, feinkörniger Granit. Kalifeldspat, Plagioklas und Quarz sind wie bei allen Bornholm-Graniten nur undeutlich gegeneinander abgegrenzt. Dunkle Minerale treten nahezu gänzlich in den Hintergrund. Auffallend ist die fleckenhafte Verteilung von rotem Hämatit. Manchmal zeigt der Almindingen-Granit ein ganz schwach gneisartiges Gefüge. Bei oberflächlicher Betrachtung kann der Granit aufgrund seiner kleinen Kristallstruktur manchmal mit einem Sandstein verwechselt werden.
Häufigkeit: selten.

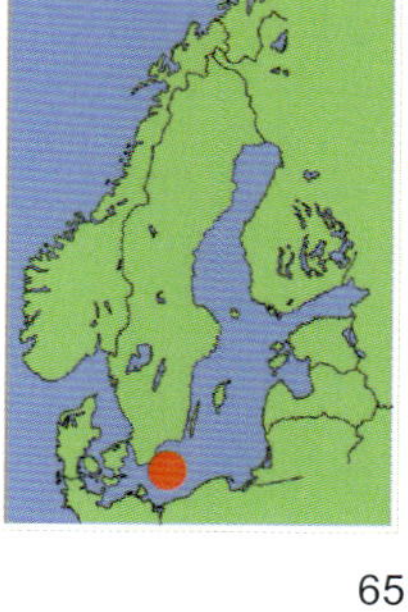

Svaneke-Granit

Alter: 1,4 Milliarden Jahre.
Herkunft: Bornholm.
Beschreibung: Der Svaneke-Granit ist der grobkörnigste Bornholm-Granit. Die Feldspäte können 1 - 2 cm im Durchmesser erreichen. Im Vergleich zu den schwedischen Graniten ist das zwar nicht viel, aber für Bornholm doch bemerkenswert. Auf der nassen Oberfläche des Gesteins fällt das verwaschene Gefüge auf, das aus den undeutlichen Korngrenzen resultiert. Die Kalifeldspäte sind blass bis ziegelrot, Plagioklas ist gelblich. Dunkle Minerale sind fleckenhaft verteilt. Auch der Svaneke-Granit zeigt die Imprägnierung mit rotem Hämatit, der über die Kristallgrenzen hinweg einen rötlichen Schleier hinterlässt. Svaneke-Granit verwittert schnell und zerfällt zu dem sog. Årsdale-Grus.
Häufigkeit: ziemlich selten.

Monzonit

Alter: > 1 Milliarde Jahre.
Herkunft: Skandinavien.
Beschreibung: Ein Monzonit ist ein granitähnliches Tiefengestein. Bei Monzoniten ist der Plagioklas-Gehalt höher als der Orthoklas-Gehalt, was sie von den Syeniten unterscheidet. In der Regel enthält das Gestein keinen oder nur wenig Quarz. Pyroxen und Biotit als dunkle Minerale sind vorhanden. Die vorliegenden Fundstücke enthalten überwiegend grünen Plagioklas in kleinen Kristallen, die maximal 5 mm erreichen. In der Matrix aus Plagioklas und Biotit eingebettet liegen bis 2 cm große, hellrote Kalifeldspäte, die dem Gestein fast ein porphyrisches Aussehen verleihen.
Häufigkeit: häufig.

Nordmarkit

Alter: 295 - 275 Millionen Jahre.
Herkunft: Oslo-Gebiet.
Beschreibung: Der Nordmarkit ist Alkalisyenit. Dominierend sind die rechteckigen, teils langgestreckten Kalifeldspäte, die eine Größe von 1 cm erreichen können. Ihre Farbe variiert zwischen graugelb und braunrosa. Manchmal können die Alkalifeldspäte zoniert sein. Plagioklas kommt in wenigen, kleinen, gelblichen Kristallen vor. Biotit ist reichlich vertreten. Er ist in kleinen Paketen unregelmäßig im Gestein verteilt. Auch längliche Hornblende-Kristalle und gedrungene Augite kommen vor. Mit der Lupe kann man gelegentlich kleine braune Titanit-Kristalle entdecken. Das Gestein enthält in seiner typischen Ausbildung pratisch keinen Quarz.
Es erfordert ein wenig Übung, Nordmarkite am Strand zu erkennen.
Häufigkeit: selten.

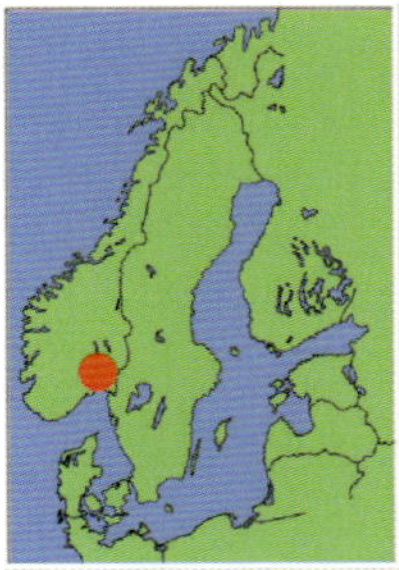

Ekerit

Alter: 295 - 275 Millionen Jahre.
Herkunft: Oslo-Gebiet.
Beschreibung: Ekerit ist ein Alkalifeldspatgranit. Er ist dem Nordmarkit sehr ähnlich, enthält aber deutlich mehr Quarz. Das Gestein wird von kleinkörnigem Feldspat dominiert. Er ist gelbbraun bis violettgrau. Bei nassen Geschieben kann man die längliche Form einiger Kristalle erkennen. Plagioklas fehlt im Gegensatz zu den meisten anderen Graniten. Biotit ist in kleinen Aggregaten über das Gestein verteilt. An weiteren Mineralen kommen Aegirin, Magnetit, Rutil, Zirkon und Apatit vor. Diese sind für den Laien jedoch nur schwer zu bestimmen. Manchmal ist Ekerit schwach magnetisch, dies ist aber kein sicheres Bestimmungsmerkmal.
Ekerite stehen im nördlichen Oslo-Graben an.
Häufigkeit: selten.

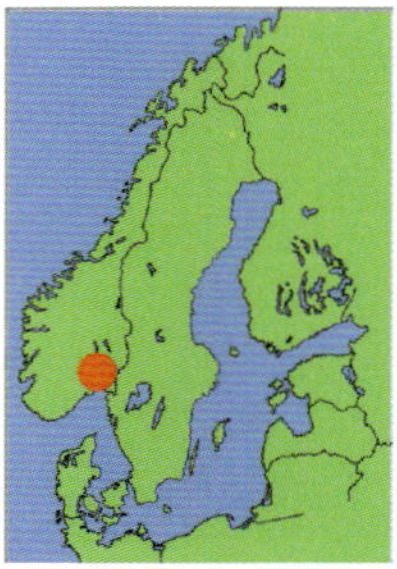

Kjelsåsit

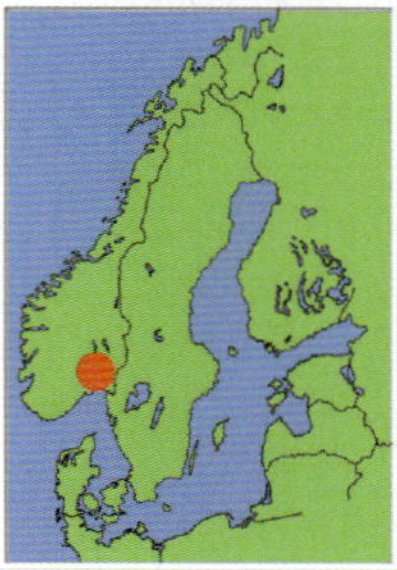

Alter: 295 - 275 Millionen Jahre.
Herkunft: Oslo-Gebiet.
Beschreibung: Kjelsåsit ist eng mit dem Larvikit (s. Band 1) verwandt, wird manchmal mit diesem gleichgesetzt. Früher wurden die Gesteine aufgrund des Anorthit-Gehaltes (Ca-Feldspat; > 30% = Kjelsåsit) voneinander unterschieden. Die Grundfarbe des Gesteins ist rosa-grau. Die ternären Feldspäte (s. S. 24) sind rechteckig bis rhombenförmig und zeigen häufig perthitische Entmischung. In der Regel sind sie von hellem Feldspat ummantelt. Manchmal schillern sie im einfallenden Licht. Die dunklen Flecken führen Pyroxen, daneben Amphibol, Biotit, Magnetit und Apatit. Nephelin kommt nicht vor. Der Quarz-Anteil kann bis 10 % betragen. Kjelsåsit ist magnetisch (mit Magnet testen)!
Häufigkeit: gewöhnlich in N-Jütland, selten südlich der dänischen Grenze.

Tönsbergit

Alter: 295 - 275 Millionen Jahre.
Herkunft: Oslo-Gebiet.
Beschreibung: Tönsbergit ist eine Variante des Larvikits. In einer braunroten bis ziegelroten Grundmasse liegen mehr oder weniger spitz rhombenförmige, dunkelgraue bis blaugraue Feldspäte. Die Rotfärbung wird durch Hämatit verursacht. Gelegentlich kommen kleine graue Nephelinkörnchen vor. Die dunklen Minerale bestehen hauptsächlich aus Biotit, Augit und Hornblende, aber auch Erzkörnchen sind nicht selten. Manchmal wird der Tönsbergit auch als porphyrischer Larvikit bezeichnet, es gibt zudem zahlreiche Übergangstypen. Wie Kjelsåsit ist auch Tönsbergit magnetisch!
Häufigkeit: selten, in NW-Jütland etwas häufiger.

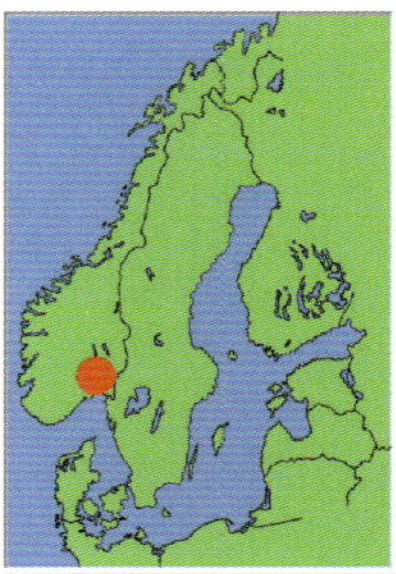

Nephelin-Syenit (Foyait)

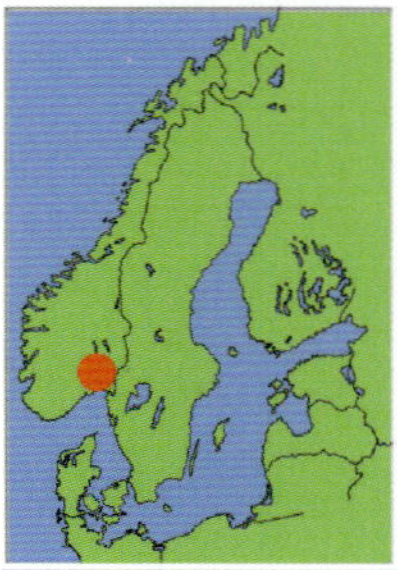

Alter: 295 - 275 Millionen Jahre.
Herkunft: Oslo-Gebiet.
Beschreibung: Der Nephelin-Syenit besitzt ein ophitisches Gefüge, das von den grauweißen Alkalifeldspatleisten und den dunklen Augiten geprägt wird. Dazwischen liegt der Nephelin in durchscheinend-grauen bis braungrauen Kristallen (s. Abb. rechts).
Der Foyait kann leicht mit dem Åsby-Diabas verwechselt werden, der jedoch die Nephelinkörnchen vermissen läßt. Zudem kann auch der Fundort wichtige HInweise zur Bestimmung geben: Der Nephelin-Syenit ist am häufigsten in NW-Jütland, wird nach SO immer seltener. Beim Åsby-Diabas ist es umgekehrt. Er ist häufig in Schleswig-Holstein und Mecklenburg-Vorpommern, aber selten im Westen und Norden Dänemarks.
Häufigkeit: selten.

Ångermanland-Syenitgabbro

Alter: 1,58 Milliarden Jahre.
Herkunft: Ångermanland.
Beschreibung: Auffällig sind die bis 5 cm großen, grünen Plagioklaskristalle, die eine ausgeprägt rechteckige Form besitzen können. Dazwischen findet sich eine Matrix aus rotem Feldspat. Wenige dunkle Minerale in Form von Hornblende, Pyroxen und Biotit können vorkommen. Die roten Schlieren in dem Gestein sind wichtiges Bestimmungsmerkmal. Ein kieselsäurereiches Granit-Magma hat sich am Rande eines Plutons mit einem kieselsäurearmen, noch nicht verfestigten Gabbro vermischt. Das Ergebnis ist im Prinzip ein Granit-Gabbro-Mischgestein.
In der Literatur liest man auch den Namen Nordingrå-Monzonit.
Häufigkeit: sehr selten.

Horn-Quarzporphyr

Alter: 295 - 275 Millionen Jahre.
Herkunft: Oslo-Gebiet.
Beschreibung: Der Horn-Quarzporphyr ist Teil der Ramnes-Caldera im südlichen Oslo-Gebiet. Die Grundmasse ist feinkörnig, nicht dicht. Auffällig sind bis 1 cm große, orange-rote Feldspäte. Viele von ihnen sind rechteckig, einige besitzen abgerundete Ecken. Diese sind blasser und undeutlicher gegen die Grundmasse abgegrenzt. Die grauen, runden Quarze erreichen wenige Millimeter im Durchmesser. Dunkle Minerale treten stark in den Hintergrund. Biotit kommt in wenigen rundlichen Aggregaten vor. Es gibt zudem eine dunklere, grobkörnigere Varietät des Horn-Quarzporphyres, die gelbliche, meist eckige Felspäte führt. Biotit kommt in winzigen schwarzen, teils kommaförmigen Flecken vor.
Häufigkeit: selten.

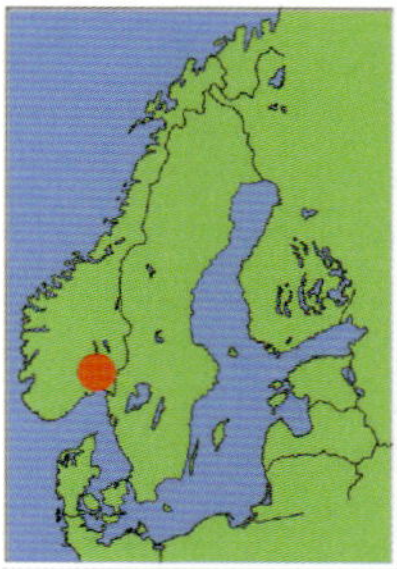

Akerit-Porphyr

Alter: 295 - 275 Millionen Jahre.
Herkunft: Oslo-Gebiet.
Beschreibung: Der Akerit-Porphyr ist einsprenglingsreich. Die Grundmasse ist feinkörnig, violett bis graubraun, verwittert rosagrau. Die rötlichen Feldspäte erreichen eine Größe von maximal 1 cm. Es gibt sowohl Plagioklase als auch Alkalifeldspäte. Sie sind scharfkantig, teils rechteckig. Einige der Plagioklase können von Alkalifeldspat dünn umsäumt sein. Quarz kommt in grauen, runden Körnchen vor, er kann 40 bis 60 % der Grundmasse ausmachen. Augit und Biotit kommen ebenfalls vor, hinterlassen bei der Verwitterung Löcher in der Gesteinsoberfläche. Der Name Akerit wurde ursprünglich von BRÖGGER für einen feinkörnigen Larvikit in die Literatur eingeführt. Später wurde der Begriff auf andere feinkörnige, helle Gesteine aus der Oslo-Essexit-Randzone und aus der Verwandtschaft der Nordmarkite erweitert.
Häufigkeit: sehr selten.

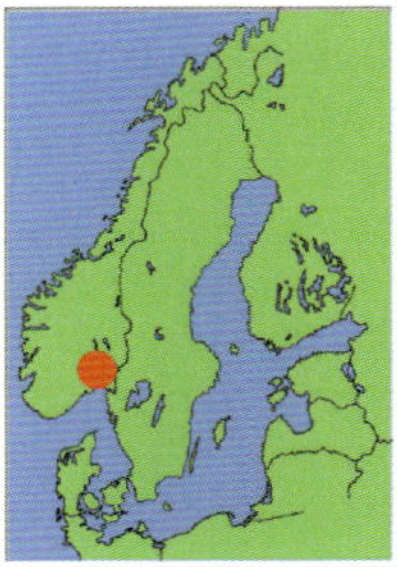

Bygdøy-Porphyr

Alter: 295 Millionen Jahre.
Herkunft: Oslo-Gebiet.
Beschreibung: Bygdøy ist eine Halbinsel im nördlichen Oslo-Fjord, direkt südlich von Oslo. Hier steht ein graubrauner Glimmer-Syenit-Porphyr an. Im frischen Gestein fallen die lachsfarbenen, meist zonar gebauten Feldspäte auf. Einige besitzen einen grauen Kern. Viele von ihnen haben eine rhombenförmige Gestalt und sind miteinander verwachsen. Dadurch kommt es zu „blumenartigen" Kristallgebilden. In der Grundmasse findet sich viel fein verteilter, aber auch zu kleinen Aggregaten vereinigter Glimmer. Dunkle Flecken sind oftmals Xenolithe.
In der Literatur liest man auch den Namen Bygdö-Nakholmen-Porphyr oder Glimmer-Nordmarkit-Porphyr. Da das Herkunftsgebiet sehr klein ist, sind Geschiebe des Bygdøy-Porphyrs nur ausnahmsweise zu finden.

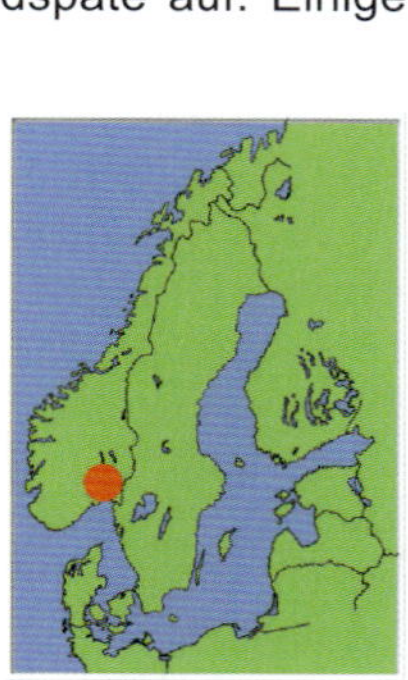

Häufigkeit: sehr selten.

Ragunda-Quarzporphyr

Alter: 1,4 - 1,6 Milliarden Jahre.
Herkunft: Ragunda.
Beschreibung: Der Name „Quarzporphyr" ist bei diesem Gestein etwas irreführend. Besser wäre es, von einem Granitporphyr zu sprechen. Aber für Gesteine mit großen, idiomorphen Quarzen in einer granitischen Grundmasse hat sich der Name Quarzporphyr eingebürgert, er soll deshalb in dieser Tradition verwendet werden. Auffallend sind die rechteckigen Feldspäte, die teilweise einen hellen Saum besitzen. In der Grundmasse finden sich zudem einige grünliche Hornblende-Aggregate, Epidot und dunkle Biotitkörnchen. Der ähnliche Åland-Quarzporphyr hat eine dichte Grundmasse und kleinere, meist abgerundete Feldspatkristalle. Der ebenfalls von Åland stammende Hammarudda-Quarzporphyr zeigt dunkelrote Plagioklassäume um die Feldspäte. Bei diesen Gesteinen fehlen auch die größeren Aggregate dunkler Minerale.
Häufigkeit: selten.

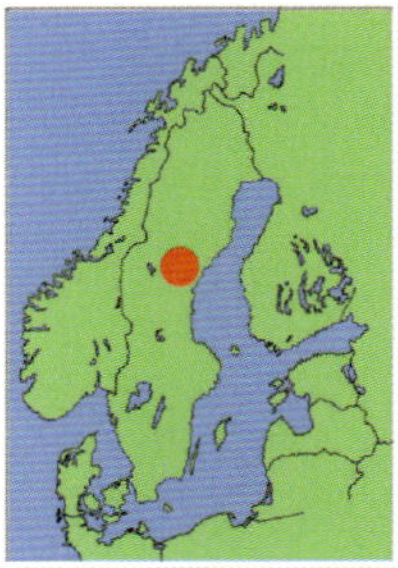

Rödö-Quarzporphyr

Alter: 1,5 Milliarden Jahre.
Herkunft: östliches Mittelschweden.
Beschreibung: Rödö ist eine kleine Insel nahe der Ostseeküste Mittelschwedens. Der südöstliche Teil dieser Insel besteht aus Granit und Rapakivi-Granit. Etwa in Nord-Süd-Richtung verlaufen in dem Granitmassiv einige Porphyr-Gänge. Abgerundete, rote Feldspäte bis über 1 cm Länge, gelbe, teils eckige Plagioklaskörnchen und kleine blaugraue Quarze kennzeichnen den hier abgebildeten Rödö-Quarzporphyr. Die Gundmasse ist ziegelrot und dicht, kann aber auch bräunlich gefärbt sein. Es gibt zahlreiche Übergänge zwischen Granit und Porphyr.
Häufigkeit: selten.

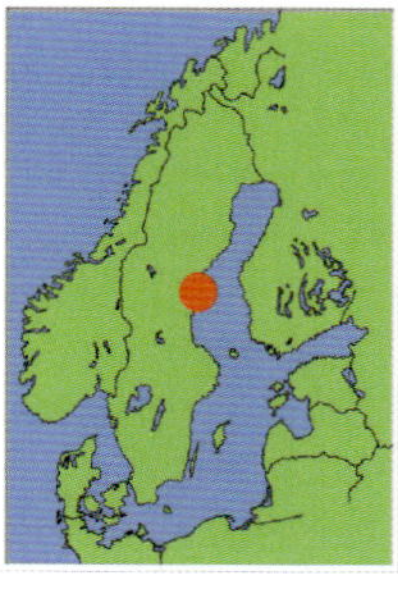

Rödö-Quarzporphyr

Alter: 1,5 Milliarden Jahre.
Herkunft: östliches Mittelschweden.
Beschreibung: Rödö-Quarzporphyre sind vielgestaltig. Der abgebildete Typ führt bis über 3 cm große, rechteckige Kalifeldspäte, die einen hellen Rand besitzen. Dieser Rand ist jedoch kein Plagioklas wie bei den Åland-Rapakivis, sondern gehört zum Feldspatkristall. Die Matrix ist feinkörnig, nicht dicht.
Die Quarze sind grau, rund und können 8 mm im Durchmesser erreichen. Dunkle Minerale kommen lediglich in ganz kleinen, an der Oberfläche meist ausgewitterten Aggregaten vor.
Häufigkeit: selten.

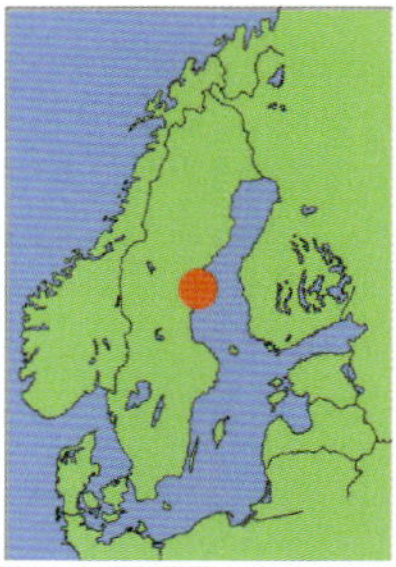

Rödö-Syenitporphyr

Alter: 1,5 Milliarden Jahre.
Herkunft: östliches Mittelschweden.
Beschreibung: Der Rödo-Syenit-Porphyr erinnert zunächst an einschlussführende Diabase. Jedoch sind die Einschlüsse keine Granite oder Gneise, sondern Feldspatkristalle. Die Grundmasse ist dunkelbraun und sehr feinkörnig. Die mehrere Zentimeter großen Einsprengline bestehen aus Kalifeldspat und sind blassrot, inhomogen und teilweise zoniert. Sie können einen schmalen roten Saum besitzen. Kleinere Feldspäte sind meist rechteckig, die großen deutlich gerundet. In der Grundmasse finden sich vereinzelte, kleine, blaugraue Quarzkörnchen. Das Gestein kommt in Gängen in der Gegend um Rödö vor, ist als Geschiebe bisher kaum bekannt geworden.
Häufigkeit: sehr selten.

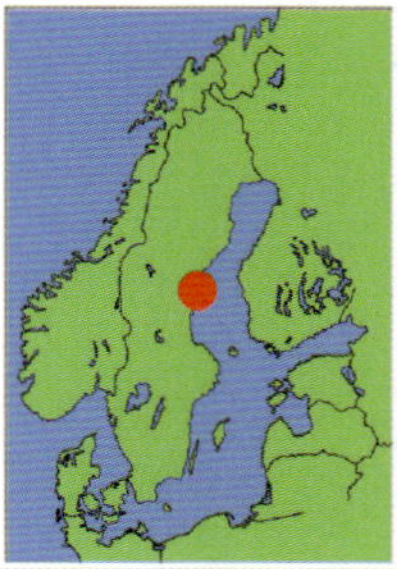

Hogland- (Suursaari-)Quarzporphyr

Alter: 1,6 Milliarden Jahre.
Herkunft: Finnischer Golf bis Grenzgebiet Ostfinnland / Rußland.
Beschreibung: Hogland-Quarzporphyr besitzt sehr viele kleine Einsprenglinge bis maximal 5 mm, selten größer. Einige sind hellrosa, andere orangebraun. In der Regel sind die Einsprenglinge scharfkantig, manche sind korrodiert. Einige wenige kleine, graue bis farblose Quarzkörnchen liegen verstreut in der schokoladenbraunen Grundmasse.
Der Hogland-Quarzporphyr gehört zu den „östlichsten" Geschieben, die in Norddeutschland zu finden sind. Da das Anstehende nicht hinreichend bekannt ist, ist die Bestimmung von Geschieben (auch des abgebildeten Fundes!) immer mit Vorsicht zu genießen. Es kommen hier auch ähnliche Porphyr-Vorkommen in der Bottensee als Heimat in Betracht
Häufigkeit: sehr selten.

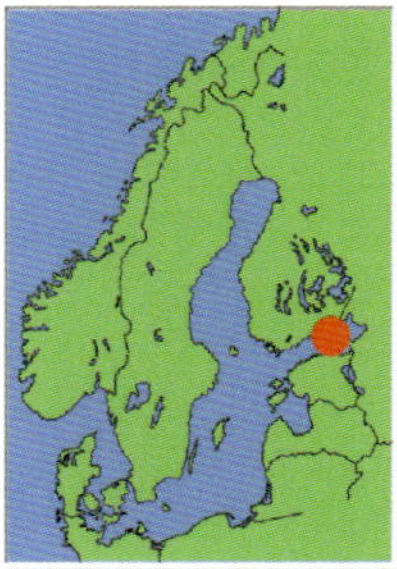

Bottenmeer-Porphyr

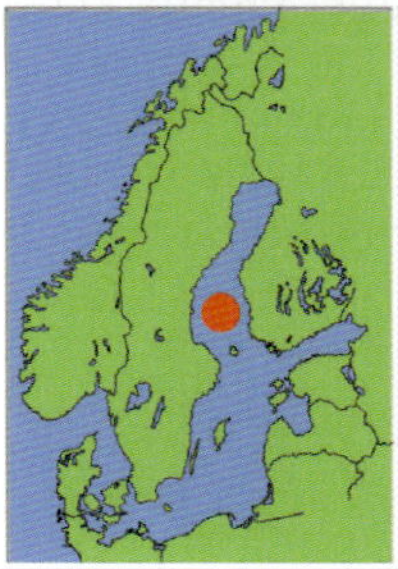

Alter: 1,6 Milliarden Jahre.
Herkunft: Bottensee.
Beschreibung: Bottenmeer-Porphyre sind selten. Man kann zahlreiche Typen unterscheiden. Die abgebildete Variante ist reich an Einsprenglingen, die meist unter 5 mm bleiben. Es überwiegen blassrote und gelbbraune Feldspäte und graue Quarze. Die Grundmasse ist feinkörnig und braungrau. Der ähnliche Braune Ostseequarzporphyr ist meist plattig, die Quarze sind kleiner und die Grundmasse ist braun bis braunrot. Es gibt Varianten mit > 1 cm großen, gleichmäßig roten, eckigen Feldspäten und großen runden Quarzen (s. Abb. rechts).
Häufigkeit: selten.

Ostsee-Syenitporphyr

Alter: 1,6 Milliarden Jahre.
Herkunft: Bottensee.
Beschreibung: Der Ostsee-Syenitporphyr besitzt eine grüngraue bis grünbraune Grundmasse, in der viele kleine, splittrige bis vieleckige, rote Feldspatkristalle eingeschlossen sind. Daneben finden sich einzelne Quarzkörnchen und winzige, weißgelbe Plagioklase. Charakteristisch sind rotbraune bis dunkelgraue Xenolithe, die sich häufig nur undeutlich von der Matrix abheben. In einigen Gesteinen findet man blaugraue Mandeln, die von schwarzen Mineralen gesäumt sien können.
Häufigkeit: sehr selten.

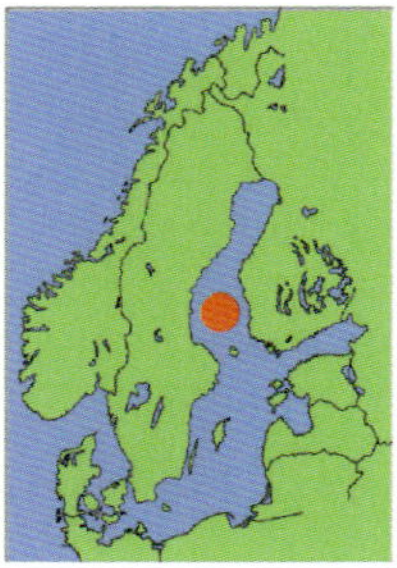

Albit-Felsit-Porphyr

Alter: 1,6 Milliarden Jahre.
Herkunft: Bottensee.
Beschreibung: Der Albit-Felsit-Porphyr hat eine dunkle, fast schwarze, dichte Grundmasse. Er ist sehr zäh und splittrig, feuersteinartig. Manchmal kann man bei abgerollten Blöcken am Strand den muscheligen Bruch früherer Absprünge erkennen, dann erinnert das Gestein an schwarzen Feuerstein.
Die Einsprenglinge sind sehr klein und weiß. Sie bestehen aus Albit, einem Feldspatvertreter aus der Gruppe der Plagioklase. Am besten erkennt man diesen Porphyr, wenn er nass ist. Das Gestein kann durch Verwitterung eine sehr helle Oberfläche erhalten.
Der Albit-Felsit-Porphyr gehört zu den Bottenmeer-Porphyren.
Häufigkeit: selten.

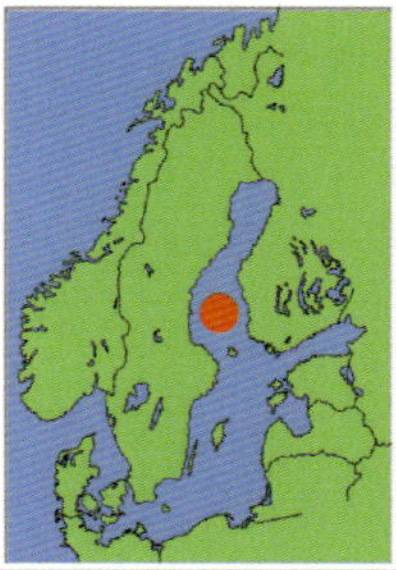

Brauner Ostsee-Quarzporphyr (roter Typp)

<u>Alter</u>: 1,6 Milliarden Jahre.
<u>Herkunft</u>: Ostseegrund südwestlich von Åland.
<u>Beschreibung</u>: Der Braune Ostsee-Quarzporphyr wurde ja bereits im ersten Band beschrieben. Es gibt aber neben der typischen braunen oder graubraunen Variante noch eine rötliche Form, die hier vorgestellt werden soll. Beide Typen führen kleine Quarzkörnchen. In der dichten Grundmasse liegen sehr viele, selten über 5 mm große Feldspäte. Die Kalifeldspäte sind gelblich bis rotbraun, die Plagioklase tendieren ins grünliche. Dunkle Minerale kommen in kleinen Flecken vor. Häufig sind größere Xenolithe (Fremdgesteinseinschlüsse) eines dunklen Basalts. Die rote Variante des Braunen Ostsee-Quarzporphyrs kann mit einigen Dala-Porphyren verwechselt werden, von denen sie sich aber durch die Quarzkörnchen und die Xenolithe unterscheidet. Zudem kommt der Braune Ostsee-Quarzporphyr in der Regel eher in plattigen Stücken vor.
<u>Häufigkeit</u>: relativ häufig.

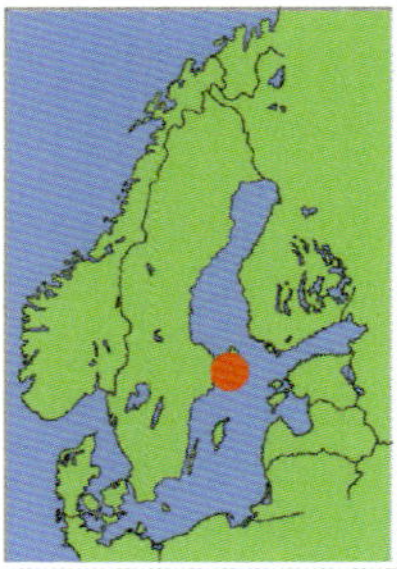

Hammarudda-Quarzporphyr

Alter: 1,6 Milliarden Jahre.
Herkunft: Åland.
Beschreibung: Der Hammarudda-Quarzporphyr ist eine spezielle Variante des Åland-Quarzpophyrs. Er steht im Südwesten der Insel an. Die Grundmasse ist feinkörnig, nicht dicht. Darin befinden sich einige dunkelgraue Quarze mit deutlich angelöster Oberfläche. In die entstandenen Löcher ist die rote Grundmasse eingedrungen. Die hellen, fleischfarbenen Feldspäte sind größtenteils von rotem Plagioklas umsäumt. Zudem gibt es einige undeutliche rote bis braunrote Feldspäte in der Grundmasse, die erst bei genauem Hinsehen sichtbar sind. Gelegentlich finden sich in der Matrix dunkle Basaltbrocken als Xenolithe eingeschlossen, ähnlich wie beim Roten Ostsee-Quarzporphyr.
Häufigkeit: ziemlich selten.

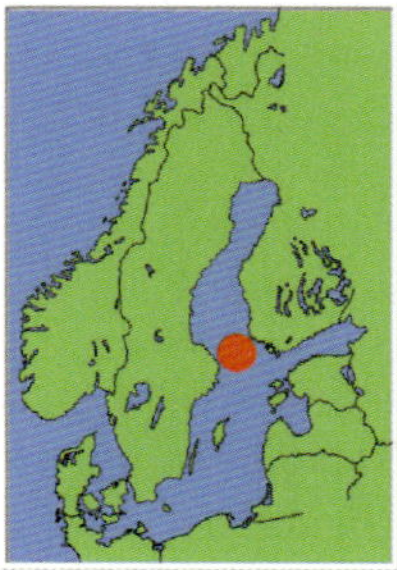

Ringquarz-Porphyr

Alter: 1,6 Milliarden Jahre.
Herkunft: Åland.
Beschreibung: Der Name „Ringquarz-Porphyr“ geht auf SMED 1989 zurück. Er ist leicht kenntlich und häufig. Auffallend sind die großen, grauen Quarze, die meist korrodiert sind. Die Oberfläche der Quarze ist löchrig. Meist sind die Quarze von Feldspatadern durchzogen. Im Bild ist dies bei dem großen Quarz links im Gestein deutlich erkennbar. Alle Quarze haben zudem einen Ring aus schwarzer Hornblende. Die Grundmasse ist granitisch, besteht aus hell- und ziegelrotem Feldspat und kleinen eingewachsenen Quarzen. Genau betrachtet ist der Ringquarz-“Porphyr“ eher ein porphyrischer Rapakivi-Granit vom Rand eines Plutons, stellt eine Übergangsform zwischen Granit und Porphyr dar. Trotzdem ist der Name sehr treffend gewählt und gerade für den Laien einprägsam.
Häufigkeit: häufig.

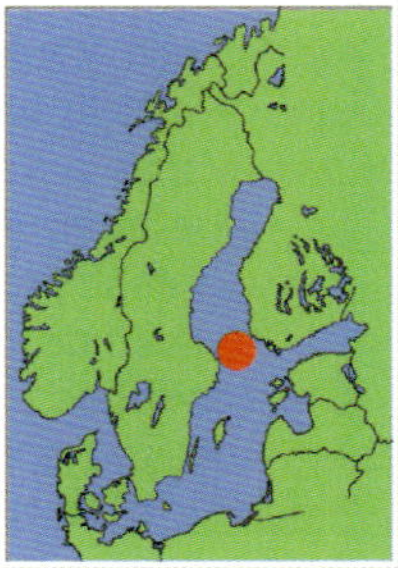

Lönneberga-Porphyr

Alter: 1,6 Milliarden Jahre.
Herkunft: Småland.
Beschreibung: Der Lönneberga-Porphyr hat eine dunkle, grüngraue Grundmasse, in der sehr viele kleine, dicht liegende Einsprenglinge liegen. Auffällig sind schmutzig-weiße, unregelmäßig geformte, teils scharfkantige Plagioklase mit einer Größe von unter 1 bis vielleicht 3 Millimeter. Nur mit der Lupe erkennbar sind dunkle Feldspäte derselben Farbe wie die Grundmasse. Quarzkörnchen sind winzig, grau und selten. ZANDSTRA 1988 bezeichnet diese Form als Aboda-Typ. Eine andere Variante führt größere schwarze Biotit-Flecken, ist als Geschiebe aber viel seltener. Der ähnliche Fagerhult-Quarzporphyr enthält große, bläuliche Quarze. BRÄUNLICH weist auf www.kristallin.de darauf hin, dass Proben von Lönneberga als vulkanisches (pyroklastisches) Auswurfmaterial anzusprechen sind und splitterförmige Einsprenglinge besitzen.
Häufigkeit: nicht häufig.

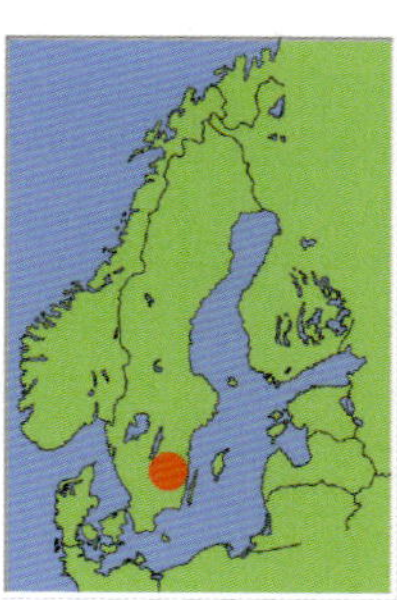

Sjögelö-Porphyr

Alter: 1,8 Milliarden Jahre.
Herkunft: Småland.
Beschreibung: Der Sjögelö-Porphyr ist dem Påskallavik-Porphyr sehr ähnlich, oft nicht von diesem zu unterscheiden. Besonders charakteristische Exemplare haben eine rotgraue Grundmasse und zeigen deutlich (teils sogar mehrfach) zonierte, abgerundete Feldspäte, d. h. die Feldspat-Ovoide sind innen dunkel und von einem hellen, durchgängigen Plagioklasring umgeben. Besonders deutlich wird das bei dem Feldspat in der linken Hälfte leicht oberhalb der Mitte. Die Plagioklase sind weniger oft gerissen als beim Påskallavik-Porphyr. Quarz ist seltener, eher grau als blau, und nur in kleinen Körnchen vorhanden. Die Grundmasse ist leicht granitisch, nicht dicht.
Häufigkeit: gewöhnlich.

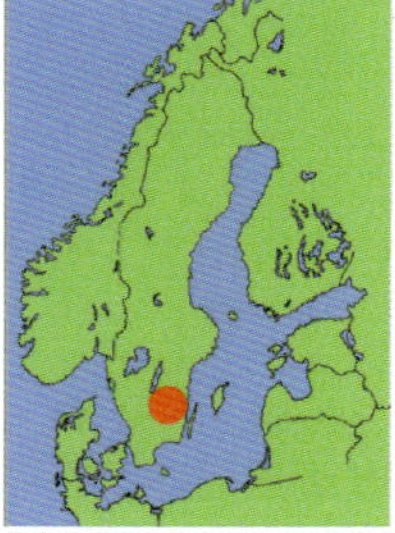

Nymala-Porphyr

Alter: 1,8 Milliarden Jahre.
Herkunft: Småland.
Beschreibung: Die Gangporphyre Smålands sind vielgestaltig und nicht immer sicher gegeneinander abzugrenzen. Der Nymala-Porphyr ist eine dieser Varianten. Die Grundmasse ist dunkel, verwaschen dunkelrotbraun und schwarzgrau gefleckt, was man aber erst bei genauem Hinsehen erkennt.
Von weitem hat das Gestein ein mattes Aussehen. Auffällig sind bis zu 2 cm große Feldspateinsprenglinge, die weiß-rosa oder grünlich gefärbt sind. Viele Plagioklase sind zoniert. Die Einsprenglinge sind meistens unregelmäßig geformt, eckig, und wirken zerrissen. Einige tendieren zu rechteckiger Kristallform. Kleine Feldspatsplitter und Plagioklasleisten verleihen der Grundmasse ein granophyrisches Aussehen. Quarz fehlt. Gelegentlich sind chlorithaltige, dunkle Flecken zu erkennen.
Häufigkeit: relativ selten.

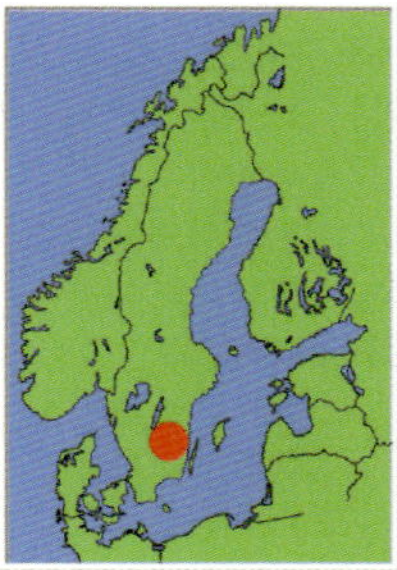

Högsrum-Porphyr

Alter: 1,8 Milliarden Jahre.
Herkunft: Småland.
Beschreibung: Der Högsrum-Porphyr hat eine dichte bis leicht granitische Grundmasse von braunvioletter Farbe. Die Einsprenglinge erreichen in der Regel 5 mm, können in Ausnahmefällen größer werden. Es handelt sich um rosa bis weiße Kalifeldspäte, die oftmals zerbrochen sind oder von schwarzen Biotitstreifen durchzogen werden. Plagioklas kommt in grünlichen Kristallen vor. Quarz ist selten und liegt dann in kleinen blauen Körnchen vor. Kennzeichnend sind die dunklen, durch Verwitterung oftmals vertieften Chlorit-Aggregate. Die metamorphe Deformation des Gefüges ist nicht zu übersehen.
Häufigkeit: nicht allzu selten.

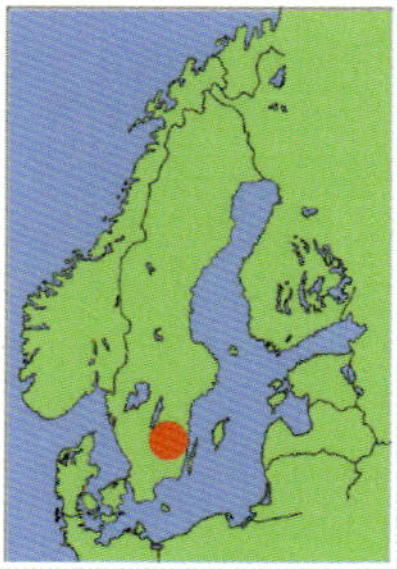

Einsprenglingsreicher Dala-Porphyr

Alter: 1,7 Milliarden Jahre.
Herkunft: Dalarna.
Beschreibung: Viele Dala-Porphyre sind sehr einsprenglingsreich. Sie führen blass- bis ziegelrote Kalifelspäte und gelbliche, weiße oder grüne Plagioklase. Quarz fehlt. Dunkle Minerale kommen in kleinen Aggregaten vor. Die meisten dieser Typen lassen sich nicht unterscheiden, zumal es zahlreiche Übergänge gibt. Wo eine exakte Zuordnung nicht möglich ist, sollte man die etwas umfassendere Bezeichnung „Einsprenglingsreicher Dala-Porphyr" wählen. Dies schützt vor übereilten Fehlbestimmungen. Das Herkunftsgebiet all dieser Porphyre liegt nordwestlich des Siljan-Sees.
Häufigkeit: sehr häufig.

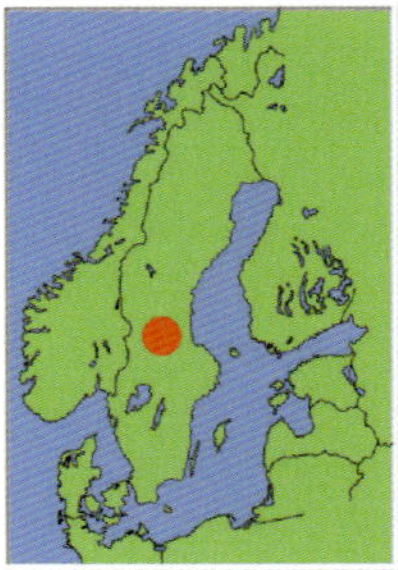

Ignimbritischer Bredvad-Porphyr

Alter: 1,7 Milliarden Jahre.
Herkunft: Dalarna.
Beschreibung: Einer der häufigsten Porphyre Dalarnas ist der ziegelrote, einsprenglingsarme, dichte Bredvad-Porphyr (siehe Band 1). Kleine rötliche Kalifeldspat-Einsprenglinge heben sich manchmal kaum von der Grundmasse ab. Plagioklase sind weiß bis grünlich. Herausgewitterte Minerale hinterlassen charakteristische Löcher auf der Gesteinsoberfläche. Quarz ist nicht vorhanden.
Während der normale Bredvad-Porphyr eine gleichmäßig rote Matrix besitzt, zeigt die ignimbritische Variante deutliche, mehrere Zentimeter lange, dunkle Flammen.
'Ignimbrit' bedeutet übersetzt soviel wie 'Feuerregen'. Derartige Gesteine entstehen bei sehr hohen Temperaturen in vulkanischen Glutwolken durch Verschmelzen von Asche, Lavafetzen und anderem Auswurfmaterial.
Häufigkeit: selten.

Månsta-Porphyr

Alter: 1,7 Milliarden Jahre.
Herkunft: Dalarna.
Beschreibung: Porphyre vom Månsta-Typ sind in Dalarna weit verbreitet. Zu dieser Gruppe gehören neben dem Månsta-Porphyr auch der Kåtilla-Porphyr und der Tandsjöborg-Porphyr, die nicht immer voneinander zu unterscheiden sind. Sie alle besitzen eine dichte, rote bis rotbraune Grundmasse, blassrote Kalifeldspäte bis 10 mm Länge, die zumeist rechteckig sind, sowie blassgrüne bis gelbgrüne Plagioklase. Plagioklas ist zahlreicher als Kalifeldspat vorhanden, besitzt aber dieselbe Größe. Kleine Flecken dunkler Minerale (Biotit, Hornblende) liegen zerstreut in der Grundmasse. In der Regel sind die Kalifeldspäte von dünnen roten Äderchen durchzogen.
Häufigkeit: nicht selten.

Oxåsen-Porphyr

Alter: 1,7 Milliarden Jahre.
Herkunft: Dalarna.
Beschreibung: Der Oxåsen-Porphyr ähnelt den Porphyren vom Månsta-Typ. Die Grundmasse ist rot und ganz leicht körnig. Die rötlichen Kalifeldspat-Einsprenglinge erreichen 1,5 cm, sind damit etwas größer als beim Månsta-Typ. Sie sind breit rechteckig, manchmal „blumenartig" geformt und können zoniert sein. Der Plagioklas ist grüngrau, erreicht nur die halbe Größe der Kalifeldspäte und ist auch nur in der halben Menge vertreten. Kleine, dunkle Aggregate von Chlorit und Hornblende liegen zerstreut in der Grundmasse.
Häufigkeit: nicht häufig.

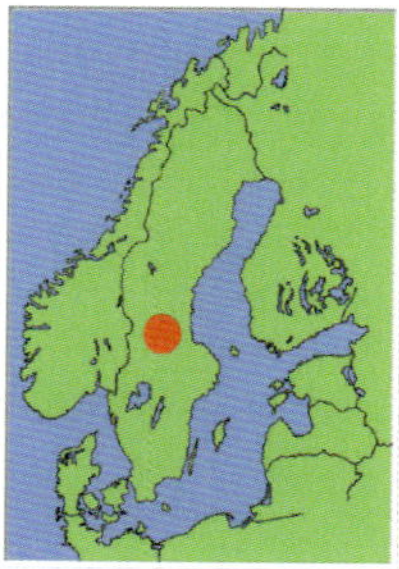

Heden-Porphyr

Alter: 1,7 Milliarden Jahre.
Herkunft: Dalarna.
Beschreibung: Der Heden-Porphyr steht am südwestlichen Rand des Porphyr-Gebietes in Dalarna an, ist damit räumlich etwas von den zahlreichen weiter im Norden vorkommenden Varietäten der einsprenglingsreichen Dala-Porphyre getrennt. Die Grundmasse ist braunviolett und körnig, wodurch sich der Heden-Porphyr von den meisten anderen Dala-Porphyren mit dichter Grundmasse unterscheiden lässt. In der Grundmasse finden sich zahlreiche schmutziggelbe, blassrote bis rotbraune, teils scharfkantige Kalifeldspat-Einsprenglinge. Die roten Kristalle heben sich manchmal kaum von der Grundmasse ab. Zudem sind wenige grünliche Plagioklas-Einsprenglinge vorhanden. Stecknadelkopfgroße Chlorit-Aggregate sind fein in der Matrix verteilt.
Häufigkeit: nicht allzu selten.

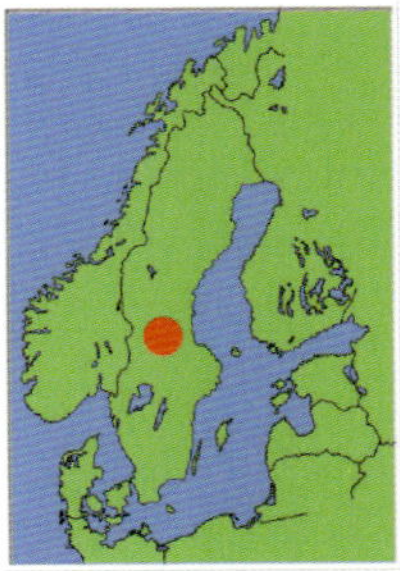

Glöte-Porphyr

Alter: 1,65 Millionen Milliarden Jahre.
Herkunft: Dalarna.
Beschreibung: Der Glöte-Porphyr ähnelt dem Bredvad-Porphyr, ist aber quarzführend. Damit nimmt er unter den Dala-Porphyren zusammen mit wenigen anderen Typen eine Sonderstellung ein. Die Quarze sind rund, hellgrau und mit bloßem Auge deutlich erkennbar. Die Grundmasse ist hellrot bis ziegelrot und dicht. Gelegentlich finden sich rechteckige Feldspatkristalle, die dieselbe Farbe wie die Grundmasse haben und somit kaum auffallen. Manchmal sieht man kleine helle Plagioklaskörnchen. Der ähnliche Rote Ostsee-Quarzporphyr enthält keine Plagioklase, hat kleinere Quarze und besitzt in der typischen Ausbildung dunkle Xenolithe, die dem Glöte-Porphyr fehlen. Der ebenfalls aus Dalarna stammende Särna-Quarzporphyr (siehe Band 1) hat sehr viel mehr und auch größere Kalifeldspat- und Plagioklaseinsprenglinge.
Häufigkeit: ziemlich selten.

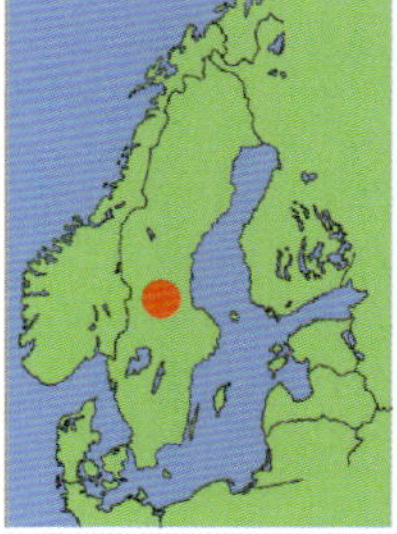

Grönklitt-Porphyrit (roter Typ)

Alter: 1,7 Milliarden Jahre.
Herkunft: Dalarna.
Beschreibung: Der Grönklitt-Porphyrit besitzt in Dalarna ein großes Verbreitungsgebiet, ist dementsprechend häufig als Geschiebe zu finden. Die Matrix ist dicht, rotbraun bis dunkelviolett. Das Farbspektrum ist hier nicht gering. Grönklitt-Porphyrit führt sehr viele, < 1 bis 5 mm lange, meist grünliche oder gelbliche Plagioklas-Einsprenglinge. Viele dieser Einsprenglinge haben eine leistenförmige Gestalt. Quarz ist makroskopisch nicht erkennbar. Blassrote Kalifeldpäte kommen vor, sind aber nicht häufig. Flecken dunkler Minerale (Augit und Hornblende, Chlorit) sind über das Gestein verstreut. In der Literatur liest man auch den Namen „Roter Porphyrit".
Häufigkeit: häufig.

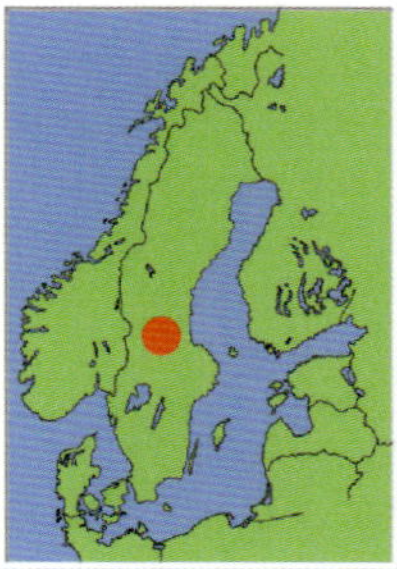

Grönklitt-Porphyrit (violetter Typ)

Alter: 1,7 Milliarden Jahre.
Herkunft: Dalarna.
Beschreibung: Grönklitt-Porphyrit tritt auch in sehr dunklen Varianten auf. Die Grundmasse ist violettbraun und führt zahlreiche, grünliche, leistenförmige Plagioklaseinsprenglinge. Manchmal zeigt der Grönklitt-Porphyrit eine gewisse Ähnlichkeit mit dem Braunen Ostsee-Quarzporphyr, der jedoch Quarz führt, dunkle Xenolithe enthält und die chloritischen Aggregate vermissen lässt.
Häufigkeit: häufig.

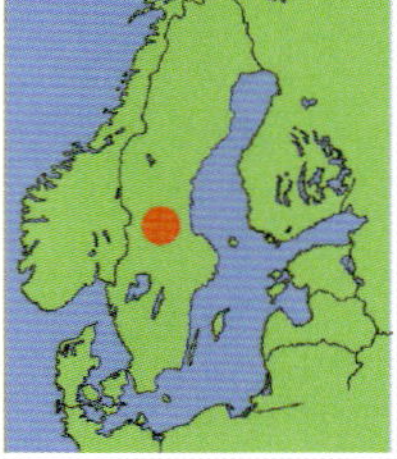

Kallberget-Porphyr

Alter: 1,7 Milliarden Jahre.
Herkunft: Dalarna.
Beschreibung: Der Kallberget-Porphyr ist einer der auffallendsten, aber auch der seltensten Dala-Porpyhre. Das Gestein verwittert hell, nimmt so eine blass rosa bis gelbgraue Farbe an. Die Grundmasse ist bei frischen Gesteinen violettbraun. Die Einsprenglinge sind zahlreich und mit 2 - 3 mm recht klein. Die Feldspäte sind meist eckig und von rötlicher bis violetter Farbe. Quarz kommt im Gegensatz zu den meisten anderen Dala-Porphyren reichlich vor, ist hellgrau und rund. Dunkle Minerale sind mit bloßem Auge nicht erkennbar.
Häufigkeit: selten.

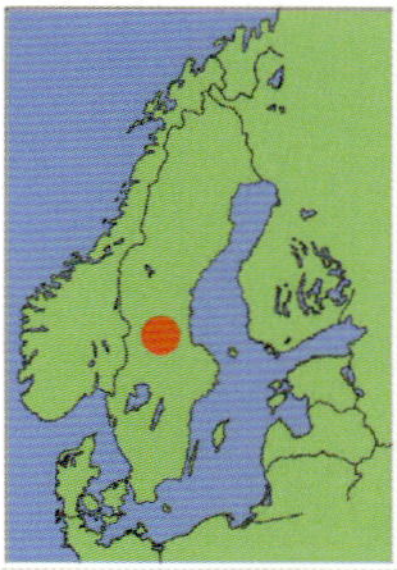

Idre-Porphyr

Alter: 1,7 Milliarden Jahre.
Herkunft: Dalarna.
Beschreibung: Unter dem Namen Idre-Porphyr werden verschiedene Porphyre zusammengefasst, die westlich von Idre in Dalarna anstehen und bis nach Norwegen reichen. Der hier gezeigte Flickerbäcken-Typ hat eine hellrote bis violette, dichte Grundmasse. Die Einsprenglinge sind bis über 1 cm groß. Im Gegensatz zu den meisten anderen Dala-Porphyren sind die Feldspäte zum größten Teil deutlich gerundet, aber einige wenige sind auch rechteckig. Die weißen bis roten Einsprenglinge liegen mehr oder weniger dicht. Die Porphyre führen 2 - 3 mm große hellgraue Quarze. Die Grundmasse kann hell verwittern, die Feldspäte heben sich dann dunkel ab. Der ähnliche Påskallavik-Porphyr führt keine einheitlich roten Feldspäte.
Häufigkeit: selten, aber wohl bisher oft unbeachtet.

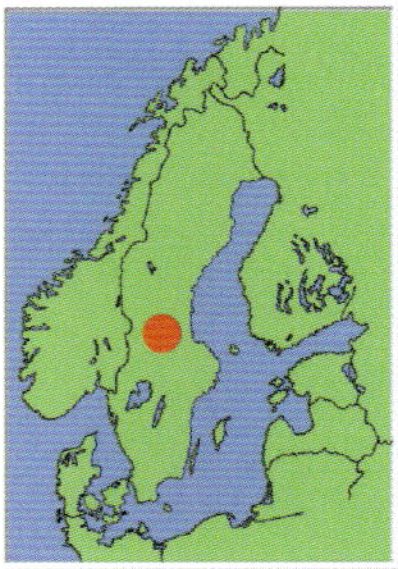

Schwarzer Orrlok-Porphyr

Alter: 1,7 Milliarden Jahre.
Herkunft: Dalarna.
Beschreibung: Der Schwarze Orrlok-Porphyr besitzt viele bis sehr viele Einsprenglinge, die mitunter die Hälfte des Gesteins ausmachen können. Die kleinen, kantigen Einsprenglinge müssen aber nicht unbedingt dicht gepackt liegen, es gibt auch im Anstehenden Partien mit lockerer Verteilung. Kennzeichnend ist die Farbgebung: rosaroter Kalifeldspat und grünliche Plagioklase, die leicht gelblich verwittern. Die Einsprenglinge erreichen nur selten die 5 mm-Marke. Die Grundmasse ist dunkelviolett, fast schwarz. Ignimbritische Flammen sind in der Regel nicht vorhanden.
Häufigkeit: ziemlich selten.

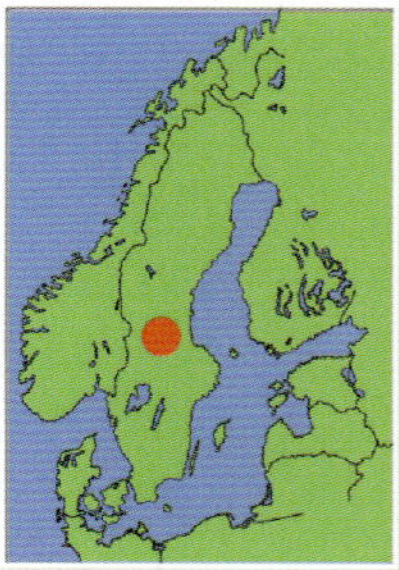

Blyberg-Ignimbrit

Alter: 1,6 Milliarden Jahre.
Herkunft: Dalarna.
Beschreibung: Der Blyberg-Ignimbrit gehört ebenfalls zu den dunklen Älvdalen-Ignimbriten. Seine Grundmasse ist dunkelbraun-violett bis blauschwarz und dicht. Er besitzt viele kleine, splitterförmige, weiße bis grünweiße, selten auch rosa Einsprenglinge. Flammen sind kaum vorhanden, und wenn, dann sind sie kurz und hell, manchmal rosa oder grünlich. Quarz ist makroskopisch nicht erkennbar. Mit dieser Merkmalskombination kann er deutlich von ähnlichen Dala-, Småland- oder Oslo-Ignimbriten und von dem Albit-Felsit-Porphyr unterschieden werden.
Häufigkeit: selten.

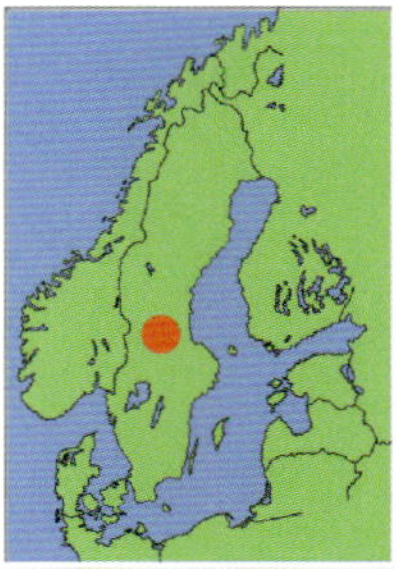

Älvdalen-Ignimbrit

Alter: 1,6 Milliarden Jahre.
Herkunft: Dalarna.
Beschreibung: Unter dem Namen Älvdalen-Ignimbrit werden verschiedene graurote, braunviolette bis schwarze Dala-Ignimbrite zusammengefasst. Sie alle enthalten keinen (makroskopisch sichtbaren) Quarz.
Der Rännas-Ignimbrit (siehe Foto) besitzt breite, rosafarbene Flammen und überwiegend rosa Einsprenglinge. Der ähnliche Klittberg-Ignimbrit hat ganz schmale Streifen und zu gleichen Teilen grünweiße und rosa Einsprenglinge.
Häufigkeit: nicht allzu selten.

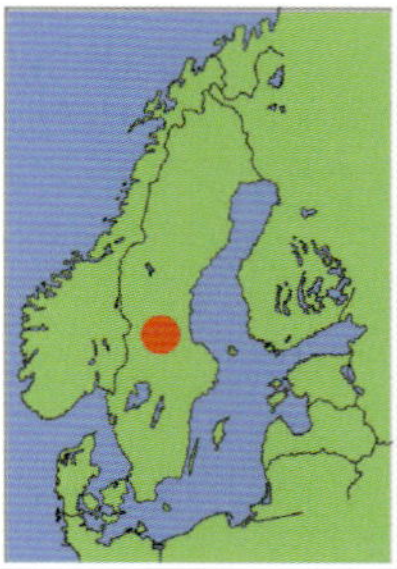

Småland-Ignimbrit

Alter: 1,8 Milliarden Jahre.
Herkunft: Småland.
Beschreibung: Småland-Ignimbrite führen Quarz, als Körnchen oder in Schlieren. Bei dem abgebildeten Typ, der sich in ähnlicher Ausbildung anstehend bei Idekulla findet, liegt der blaue Quarz wellenförmig in den Flammen. Die Grundmasse ist rötlich, die Einsprenglinge sind gelblich bis rosa, teils gerundet und teils kantig. Bei verwitterten Geschieben treten die Flammen dunkel aus der hellen, rosagrauen Matrix hervor.

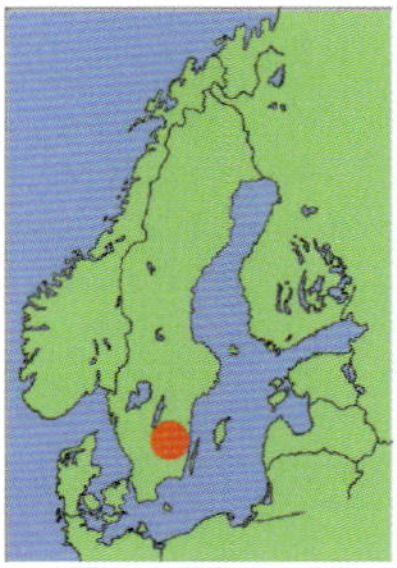

Der ähnliche Såvald-Dysberg-Ignimbrit aus Dalarna enthält viele rötliche Flammen mit dunklen Quarzbändern in einer hellen Grundmasse. Aufgrund der hohen Dichte der Flammen scheint es, als lägen die Quarzbänder nebeneinander. Wenige, größere, meist unscheinbare Einsprenglinge von rosa und gelbgrünlicher Farbe sind vorhanden.
Häufigkeit: nicht häufig.

Åland-Ignimbrit

Alter: 1,6 Milliarden Jahre.
Herkunft: Åland.
Beschreibung: Åland-Ignimbrit kommt in einer sehr ähnlichen Variante auf der Insel Blåkobb (West-Åland: Eckerö) vor. Das Gestein ist eine vulkanische Variante des Rapakivi-Granites. Die Grundmasse ist dunkel, verwittert hellbraun. Auffallend sind bis 5 mm große Quarzkörnchen, ziegelrote, teils gerundete, teils eckige Feldspäte und als wichtigstes Kennzeichen rote Flammen oder Bänder, die das Gestein durchziehen. Quarze finden sich auch in den Flammen! Åland-Ignimbrit ist bisher nur ganz vereinzelt als Geschiebe gefunden worden, denn das Anstehende auf Åland ist nur wenige hundert Quadratmeter groß. Es scheint auch Varianten mit heller Grundmasse zu geben. Aufmerksame Suche kann hier sicher noch mehr Material und neue Erkenntnisse liefern.
Häufigkeit: sehr selten.

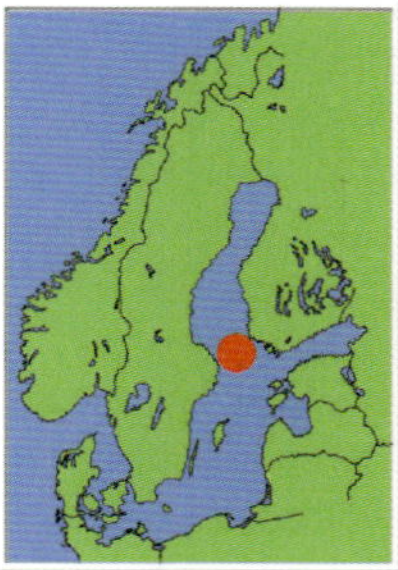

Oslo-Ignimbrit

Alter: 295 - 275 Millionen Jahre.
Herkunft: Oslo-Region.
Beschreibung: Viele Oslo-Ignimbrite ähneln den Dala-Ignimbriten. Eine besondere Verwechslungsgefahr ist mit den Älvdalen-Porphyren gegeben. Der abgebildete Oslo-Ignimbrit besitzt sehr viele, dicht liegende, rote Flammen und kleine, gelbe Einsprenglinge. Die Einsprenglinge der Älvdalen-Porphyre sind weiß bis rosa, die Flammen sind heller. Ähnliche Småland-Ignimbrite enthalten deutliche Quarzschlieren. Einen wichtigen Hinweis gibt hier auch der Fundort: Oslo-Gesteine findet man häufig in West- und Nord-Jütland, andernorts sind diese selten.
Häufigkeit: selten, in der Regel nur in Nord-Jütland zu finden.

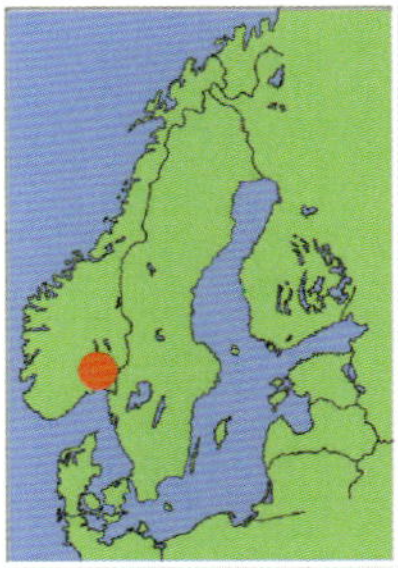

Bordvika-Ignimbrit

Alter: 295 - 275 Millionen Jahre.
Herkunft: Oslo-Gebiet.
Beschreibung: Der Bordvika-Ignimbrit, auch als Drammen-Ignimbrit oder rhyolitischer Quarzporphyr bezeichnet, ist leicht kenntlich. Er enthält größere braune bis schwarze Basalt-Trümmer, viele kleine graue Quarze und sehr viele hellbraune bis rosarote Feldspäte. In der graubraunen bis schwarzen Grundmasse sind manchmal braune Bimssteinstreifen, -schlieren und -„flatschen" zu sehen.
Häufigkeit: selten, in Nordjütland häufiger.

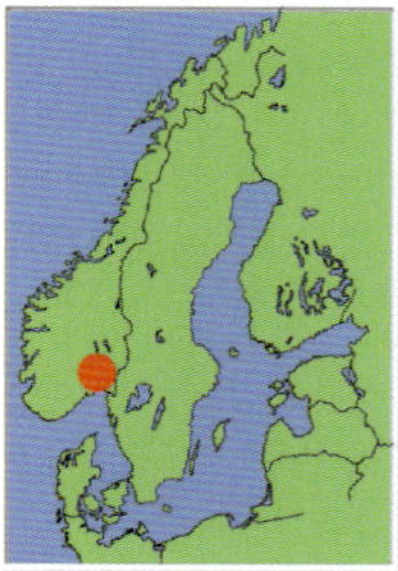

Violetter Oslo-Ignimbrit

Alter: 295 - 275 Millionen Jahre.
Herkunft: Oslo-Region.
Beschreibung: Die meisten Ignimbrite enthalten Einsprenglinge, d. h. Kristalle, die in der Magmakammer während der Abkühlung auf dem Weg an die Oberfläche gebildet und bei der Eruption mit ausgeworfen wurden. Der Violette Oslo-Ignimbrit enthält keine Einsprenglinge im eigentlichen Sinn, sondern vielmehr Gesteinstrümmer, die bei der Eruption mitgerissen wurden, zu erkennen an der unregelmäßigen Form. Man erkennt vorwiegend dunkle Basalte und rote bis violette Porphyre. Zudem sind graubraune Bimsstein-Schlieren enthalten. Die Grundmasse ist violettgrau.
Häufigkeit: relativ häufig im nördlichen Jütland, selten in Schleswig-Holstein, nahezu unbekannt in Mecklenburg-Vorpommern.

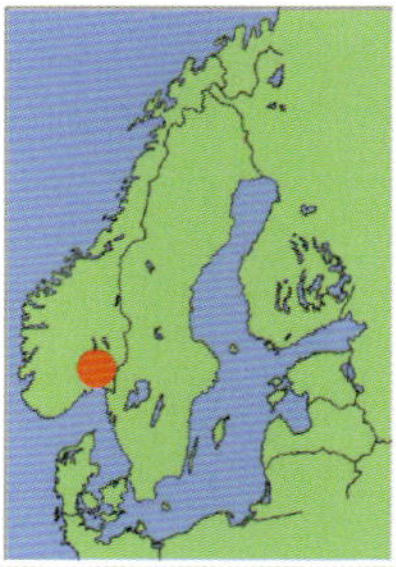

Dala-Pisolith

Alter: 1,6 Milliarden Jahre.
Herkunft: Dalarna.
Beschreibung: Pisolithe sind Gesteine, die mehr oder wenige zahlreiche Pisoide, also kugelige, schalig aufgebaute Gebilde bis > 5 mm Durchmesser führen. Damit gleichen sie den Oolithen (s. S. 179), deren Kugeln jedoch mit unter 2 mm deutlich kleiner bleiben. Pisolithe entstehen in ariden Gegenden, wenn kalkhaltiges Wasser durch Kapillarkräfte aufsteigt und in oberflächennahen Schichten an Kristallisationskeimen kugelig ausfällt. Im Meerwasser können in stark bewegtem Wasser ebenfalls kugelige Kalkausfällungen entstehen. Zudem gibt es vulkanische Pisolithe, und darum handelt es sich bei dem vorliegenden Gestein. Bei einem Vulkanausbruch werden Lapilli ausgeschleudert, um die sich Aschepartikel konzentrisch anlagern. Der Randbereich dieser Pisoide ist härter als die umgebende Matrix, er wittert erhaben aus.

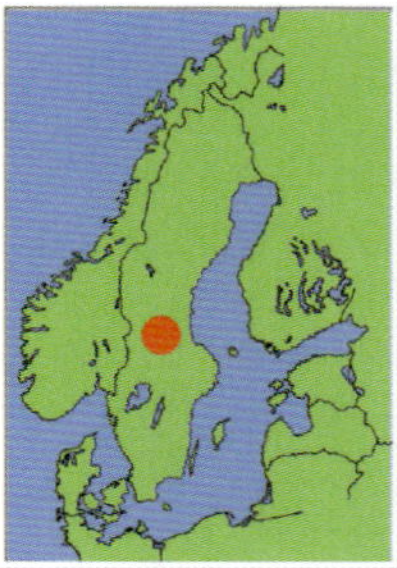

Häufigkeit: sehr selten.

Ragunda-Sphärolithporphyr

Alter: 1,4 - 1,6 Milliarden Jahre.
Herkunft: Ragunda.
Beschreibung: Sphärolithe sind radialstrahlig aufgebaute Kristallstrukturen. Dadurch unterscheiden sie sich von den konzentrisch aufgebauten Ooiden bzw. Pisoiden (s. S. 110, 179). Sie bestehen in der Regel aus Quarz und Feldspat, die dunkle, mitunter rotviolette Färbung rührt von Hornblendefasern her. Einige sind miteinander verwachsen. Manchmal ist im Inneren der Kugeln ein Kern aus Quarz oder Feldspat erkennbar. Zwischen den Sphärolithen befindet sich eine weiße, gelblich verwitternde, feldspathaltige, quarzreiche Grundmasse.
Häufigkeit: sehr selten.

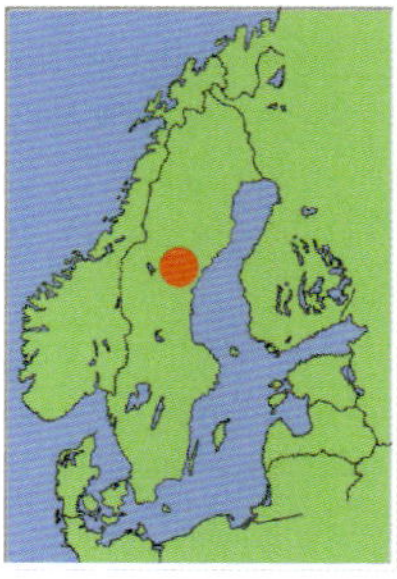

Särna-Tinguait (Särnait)

Alter: 285 Millionen Jahre.
Herkunft: Dalarna.
Beschreibung: Kennzeichnend für den Särna-Tinguait sind die schwarzen, glänzenden Ägirin-Nadeln, die in einer grau-grünen Grundmasse liegen. Daneben kommen blassgelbe Feldspäte, graue Nephelin-Kristalle und zumeist winzige rötliche Cancrinit-Körnchen vor (Lupe!). Kleine schwarze Punkte sind Biotit-Aggregate. Verwitterte Geschiebe (besonders Funde in Kiesgruben) besitzen eine gelbe Verwitterungsrinde, in der die schwarzen Nadeln sehr auffällig sind.
In der „alten“ Geschiebeliteratur taucht auch der Name Cancrinit-Aegirin-Syenit auf.
Häufigkeit: sehr selten.

Grorudit

Alter: 295 Millionen Jahre.
Herkunft: Oslo-Gebiet.
Beschreibung: In einer grüngrauen Grundmasse liegen einige gelbliche, vieleckige Feldspäte. Wie beim Särna-Tinguait, kommen auch im Grorudit Ägirin-Nadeln vor, die aber in der Regel seltener und sehr viel kleiner sind. Biotit, Cancrinit und Nephelin fehlen, dafür kommt Quarz in der Grundmasse vor. Der hohe Quarzgehalt ist auch dafür verantwortlich, dass Grorudit nicht so schnell verwittert und demnach keine gelbliche Verwitterungsrinde besitzt.
Grorudit ist häufig an einigen Küstenabschnitten in West- und Nord-Jütland, selten in Schleswig-Holstein und aus Mecklenburg-Vorpommern kaum bekannt.
Häufigkeit: im allgemeinen selten.

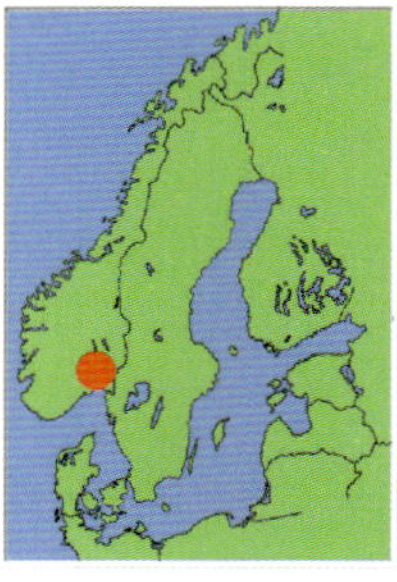

Oslo-Basaltmandelstein

Alter: 295 Millionen Jahre.
Herkunft: Oslo-Gebiet.
Beschreibung: Die Basalte des Oslo-Gebietes kommen in vielen Varietäten vor. Im vorliegenden Fund treten die Plagioklase stark in den Hintergrund, sind nur mit der Lupe erkennbar. Das Gestein wird von den Gasbläschen dominiert, ist somit als „einfacher" Basaltmandelstein anzusprechen.
Übrigens sind Oslo-Basaltmandelsteine, ebenso wie nahezu alle Oslo-Basalte, fast immer magnetisch. Man kann sie deshalb von den nicht-magnetischen Ostsee-Melaphyren unterscheiden.
Häufigkeit: nicht häufig.

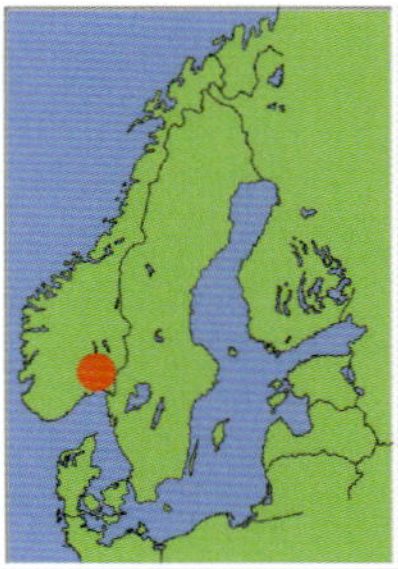

Feldspat-porphyrischer Oslo-Basaltmandelstein

Alter: 295 Millionen Jahre.
Herkunft: Oslo-Gebiet.
Beschreibung: Oslo-Basalte sind feinkörnig bis dicht. In der graugrünen bis blauschwarzen Grundmasse finden sich mehr oder minder zahlreich leistenförmige Plagioklase, die willkürlich im Gestein verteilt, eingeregelt oder gar sternförmig angeordnet sein können. Wenn zusätzlich noch auskristallisierte Gasbläschen in dem Gestein vorkommen, spricht man von einem feldspat-porphyrischen Basaltmandelstein.
Mit der Kombination der stabförmigen Plagioklaskristalle und den Gasbläschen kann man das Gestein eindeutig auf das Oslo-Gebiet zurückführen, anderen Mandelsteinen fehlen diese charakteristischen Plagioklase.
Häufigkeit: gewöhnlich.

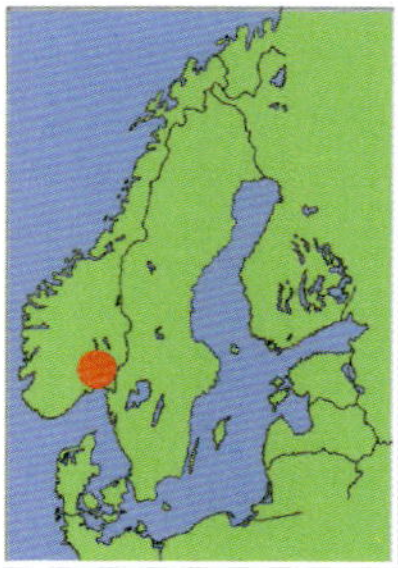

Feldspat- und Augit-porphyrischer Oslo-Basalt

Alter: 295 Millionen Jahre.
Herkunft: Oslo-Gebiet.
Beschreibung: Dieser Typ der Oslo-Basalte führt keine Gasbläschen. Neben den typischen Plagioklasnadeln kommen dafür bis 1 cm große, dunkelgrüne bis schwarze, gerundete Augitkristalle vor. Häufig, aber nicht immer, sind diese von hellgrünem Plagioklas umsäumt. Aufgrund der beiden Einsprenglingsarten spricht man von einem feldspat- und augitporphyrischen Oslo-Basalt.
Alle Typen der Oslo-Basalte sind in West- und Nordjütland eher zu finden als in Schleswig-Holstein oder gar in Mecklenburg-Vorpommern.
Häufigkeit: nicht häufig.

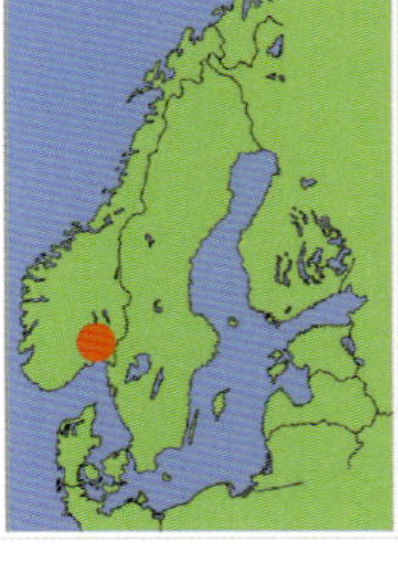

Augit-Porphyr

Alter: 295 Millionen Jahre.
Herkunft: Oslo-Gebiet.
Beschreibung: Die vulkanischen Ergussgesteine des Oslo-Gebietes sind äußerst vielgestaltig. Neben den häufigen Rhombenporphyren und den verschiedenen grün-schwarzen, teils einschlussführenden Basalten gibt es dort auch einen braunoliven, feinkörnigen bis dichten Porphyr, der sehr zahlreich etwa 5 mm große, gerundete Augite führt. Plagioklasleisten fehlen im Gegensatz zu den meisten Basalten desselben Herkunftsgebietes.
Häufigkeit: selten.

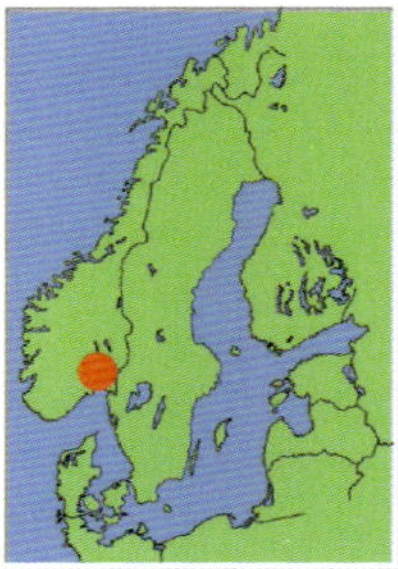

Oslo-Essexit

Alter: 295 Millionen Jahre.
Herkunft: Oslo-Gebiet.
Beschreibung: Oslo-Essexit ist ein ungewöhnliches Tiefengestein, das einem Diabas nicht unähnlich ist. Die Grundmasse ist dunkelgrün und körnig. Sie besteht vor allem aus Augit und Amphibol. Auffallend sind die bis 1 cm langen, größtenteils leistenförmigen Plagioklase, die die Hälfte des Gesteins ausmachen können. Einige wenige sind breit rechteckig bis quadratisch. Es gibt immer Gruppen von parallel ausgerichteten Feldspäten. Eine nephelin-freie Variante wird als Kauaiit bezeichnet. Oslo-Essexit-Porphyrit besitzt größere, schwarze Augite.
Oslo-Essexit ist ein Gang-Gestein, das den Oslo-Basalten als Erguss-Gestein entspricht.
Häufigkeit: selten.

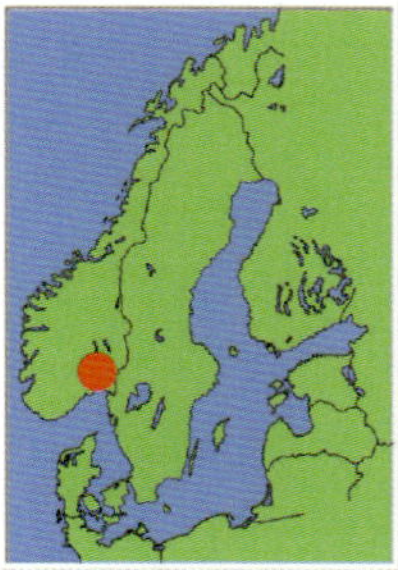

Hyperit

Alter: 900 Millionen bis 1,5 Milliarden Jahre.
Herkunft: Protogin-Zone, NE Schonen, Jonköping (südl. Vätternsee)...
Beschreibung: Hyperit ist ein 'diabas-artiges', dunkles, sehr schweres Gestein. Kennzeichnend sind deutliche, aber dunkel gefärbte bis fast schwarze Plagioklasleisten. Auf der Oberfläche des Gesteins können die Plagioklase hellbraun angewittert sein. Oftmals sind die Plagioklasleisten eingeregelt, in einigen Typen auch sternförmig angeordnet (Achtung! Nicht mit den Oslo-Basalten verwechseln). Manchmal erkennt man Zwillingsbildung bei den Plagioklasen (Lupe). Manche Hyperite (Tåberg-Hyperit; vgl. BRÄUNLICH auf www.kristallin.de) enthalten Eisenverbindungen und sind somit magnetisch! Die Abbildung zeigt ein sehr grobes Gestein, in der Regel sind Hyperite feinkörniger, die nadeligen Kristalle sind dann nur mit der Lupe erkennbar.
Häufigkeit: selten.

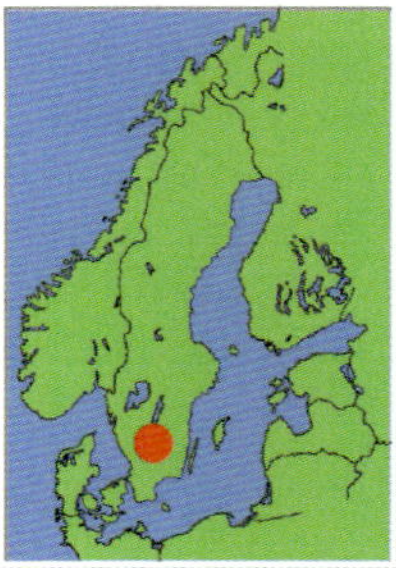

NW-Dolerit

Alter: 300 Millionen Jahre.
Herkunft: Nordwest-Schonen.
Beschreibung: Dolerite sind basaltische Gesteine, die Kristalle gebildet haben. Im schwedischen Sprachgebrauch werden sie als Diabas bezeichnet. Der Nordwest-Dolerit kommt in Gängen im südwestlichen Schonen vor. Er besitzt eine deutlich körnige, dunkelgraue bis schwarze Grundmasse, in der kleine nadel- bis stabförmige Plagioklasleisten eingebettet sind. Normalerweise sind diese Kristalle nicht eingeregelt, sondern wahllos im Gestein verstreut.
Die ähnlichen Oslo-Basalte sind sehr viel feinkörniger.
Der Name erklärt sich übrigens aus der nordwestlichen Ausrichtung der Diabas-Gänge im Anstehenden.
Häufigkeit: nicht selten.

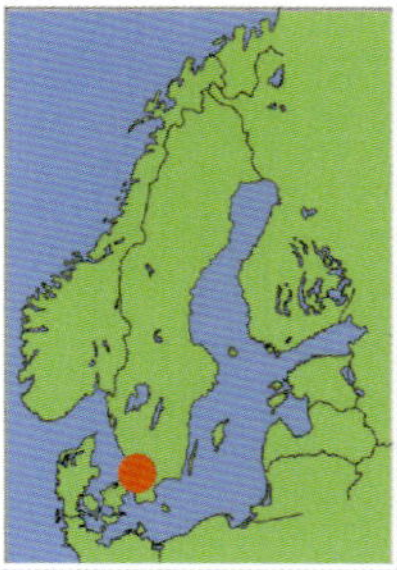

Ankaramit

Alter: ca. 300 Millionen Jahre.
Herkunft: Schonen.
Beschreibung: Ankaramit ist ein Pyroxen-Olivin-Basalt. Der Anteil an Einsprenglingen ist dabei recht hoch. Der ursprünglich blassgrüne Olivin verwittert zu rostbraunen Körnchen, die man auf der Oberfläche des Gesteins deutlich erkennt. Auffallend sind die dunklen Aggregate von Pyroxen, hier als Augit vorliegend. Prozentual gesehen ist der Anteil an Augit deutlich höher als der von Olivin. Das Gestein stammt wahrscheinlich aus Gängen im Jungpaläozoikum von Schonen.
Häufigkeit: selten.

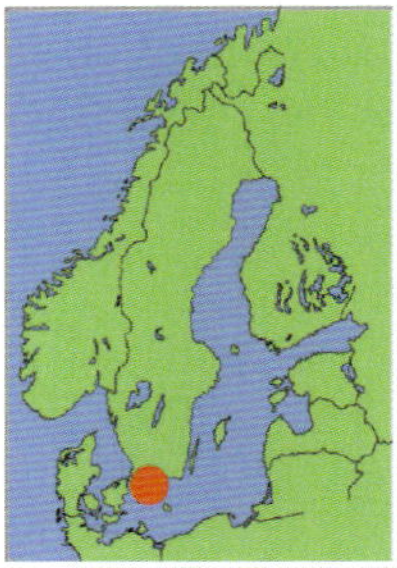

Öje-Diabas

Alter: 1,2 Milliarden Jahre.
Herkunft: Dalarna.
Beschreibung: Im Schwedischen werden Basalte mit gut ausgebildeten Kristallen als Diabas bezeichnet. Bei dem Oje-Diabas handelt es sich um einen grüngrauen plagioklas-porphyrischen Basalt mit feinkörniger Grundmasse. Die weißen Plagioklase sind breit rechteckig, nicht stäbchenförmig.
Sie sind nicht eingeregelt und meist kleiner als 1 cm.
Der eng verwandte Öje-Diabas-Porphyrit (siehe Band 1) führt große Plagioklase (häufig > 1 cm) mit parallel eingelagertem Epidot. Die Kristalle wirken dadurch gestreift.
Häufigkeit: nicht selten.

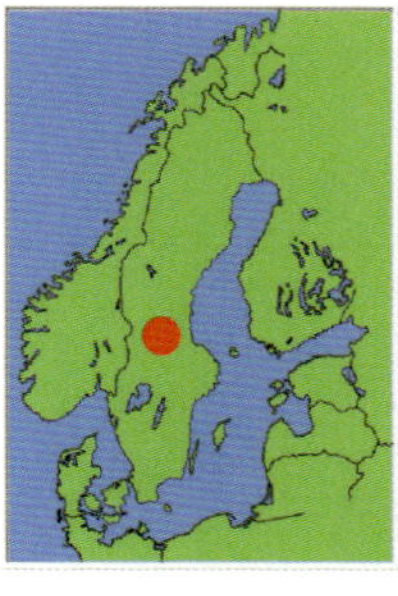

Brevik-Diabas

Alter: 930 Millionen Jahre.
Herkunft: Småland.
Beschreibung: Es gibt an mehreren Stellen in Schweden einschlussführende Diabase, aber nur einer enthält rötlich-violette Quarzite. Das dunkle Magma nahm beim Aufsteigen Brocken von präkambrischen Quarziten, Sandsteinen, Gneisen und Graniten auf, die jedoch nicht völlig aufgeschmolzen wurden. Auch einzelne Quarzkörner kommen vor. Die Einschlüsse sind teils gerundet, teils eckig. Vor allem die harten Quarzite widerstanden später der Verwitterung und sind auf der Oberfläche leicht erhaben. Die Quarzite und Sandsteine entstammen wahrscheinlich der bis zu 1,6 Milliarden Jahre alten Almesakra-Gruppe in Småland. Der alte Name „Geröll-Diabas“ ist nicht ganz zutreffend, da es sich hier nicht um ein Konglomerat handelt, die Einschlüsse demnach nicht als Gerölle anzusprechen sind.
Häufigkeit: sehr selten.

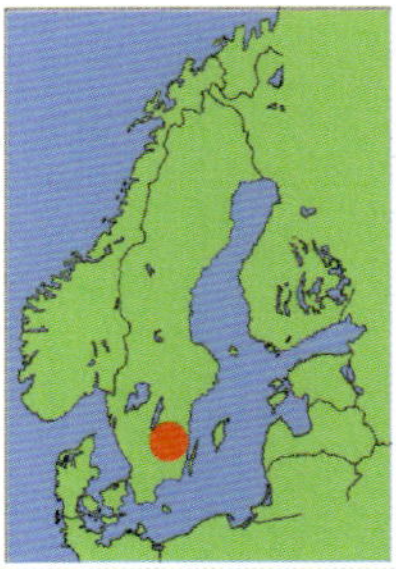

Sörmland-Gneis

Alter: 1,85 - 1,95 Milliarden Jahre.
Herkunft: Södermanland, ?Gävle
Beschreibung: Kennzeichnend sind große, himbeerrote bis blassviolette Granatkristalle, die mehrere Zentimeter Durchmesser erreichen können. Das Gestein ist ein Migmatit. Die dunklen Partien entsprechen dem ursprünglichen Gestein (Palaeosom). Sie bestehen aus Biotit und führen untergeordnet auch Cordierit. Die hellen Lagen sind später entstanden, sie werden als Neosom („neuer Gesteinskörper") oder Leukosom („heller Gesteinskörper") bezeichnet. Sie bestehen aus Quarz und Feldspat.
Sörmland-Gneis kommt manchmal in großen Blöcken bis Findlingsgröße vor. Ähnliche Granatgneise gibt es auch bei Gävle nördlich von Stockholm.
Häufigkeit: überall häufig.

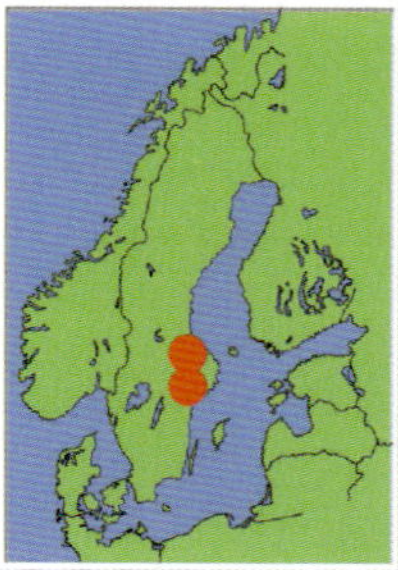

Cordierit-Gneis

Alter: > 1 Milliarden Jahre.
Herkunft: Skandinavien.
Beschreibung: Cordierit ist ein quarzähnliches Mineral, das ebenfalls muschelig bricht, aber auch eine gewisse Tendenz zu echter Spaltbarkeit besitzt. Bekannt ist Cordierit durch seinen Pleochroismus. Je nach Blickwinkel auf einen Cordierit-Kristall wechselt die Farbe: blau, gelb oder farblos. Der Cordierit im Geschiebe zeigt dieses Farbspiel ebenfalls, jedoch ist es schwer, einen größeren Kristall zu finden, den man von verschiedenen Seiten betrachten kann. Der Cordieritgneis hat helle, leicht bläuliche Lagen von Cordierit und dunkle Bänder von Glimmer. Auch Granat kommt in Form kleiner Körnchen vor. Der Cordieritgneis gehört zu den Paragneisen (siehe Strandsteine, Band 1). Er führt keinen roten Feldspat. Übrigens enthält auch der Sörmland-Gneis (s. S. 124) Cordierit, gehört somit ebenfalls in diese Gesteinsfamilie.
Häufigkeit: in typischer Ausbildung selten.

Stängelgneis

Alter: > 1 Milliarden Jahre.
Herkunft: Skandinavien.
Beschreibung: Man kann Gneise je nach Gefüge, also der Anordnung der Minerale im Raum, mit unterschiedlichen Namen belegen. Dabei ist allerdings zu bedenken, dass es sich hierbei um „künstliche" Bezeichnungen handelt, die keiner echten geologischen Nomenklatur folgen. Manchmal sind die Feldspäte und eventuell auch die Quarze extrem ausgelängt, der Glimmer zieht sich in dünnen Streifen durch das Gestein. Man nennt dies „Streckungslineation". Von der Seite betrachtet erkennt man Längsstreifen, auf der Stirnseite des Gesteins kleine Punkte.
Ein bekanntes Vorkommen außerhalb Skandinaviens ist der erheblich deutlicher ausgeprägte Weitersfelder Stängelgneis, der zwischen Österreich und Tschechien ansteht.
Häufigkeit: weit verbreitet.

Bornholm-Streifengneis

Alter: 1,4 - 1,8 Milliarden Jahre.
Herkunft: Bornholm.
Beschreibung: Der helle Bornholm-Gneis besitzt gelbliche und rosafarbene Feldspäte, wenig Quarz, sowie kurze, schwarze Biotitstreifen. Bemerkenswert sind die glänzenden Feldspäte auf einer frischen Bruchfläche. Hier fallen auch die undeutlichen Korngrenzen auf. Wie bei den Bornholm-Graniten sind auch beim Bornholm-Streifengneis himbeerrote Hämatitimprägnierungen, die über die Korngrenzen hinweg laufen, ein wichtiges Bestimmungsmerkmal. In der Literatur ist aufgrund der nicht immer ausgeprägten Gneis-Textur der Name Bornholm-Streifengranit zu lesen.
Häufigkeit: nicht allzu häufig.

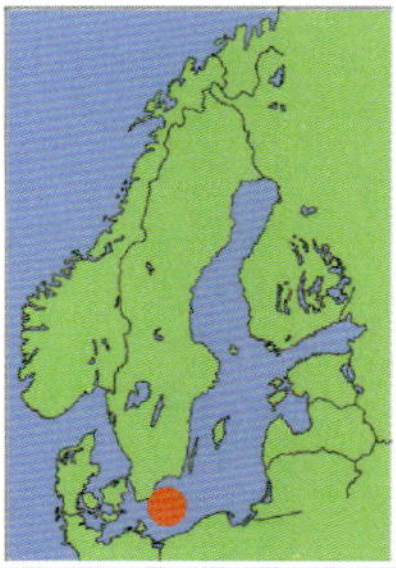

Loftahammar-Gneisgranit

Alter: 1,84 Milliarden Jahre.
Herkunft: NW Loftahammar in Småland.
Beschreibung: Der Loftahammar-Gneisgranit ist ein Augengneis der besonderen Sorte. Die tiefroten, porphyroblastischen Feldpäte können mehrere Zentimeter Länge erreichen. Sie sind eingebettet in dünne Lagen aus langen Streifen von bläulichem Quarz und tiefschwarzem Biotit. Plagioklas ist bräunlich-grün und kommt in Form von „Augen“ sowie innerhalb der roten Feldspäte vor. Die intensive Farbigkeit, die dicht liegenden, großen „Augen“ und der hohe Anteil an Biotit unterscheidet dieses Gestein von ähnlichen Augengneisen. Quarz kann übrigens in einigen Varianten an Häufigkeit zurücktreten.
Häufigkeit: selten.

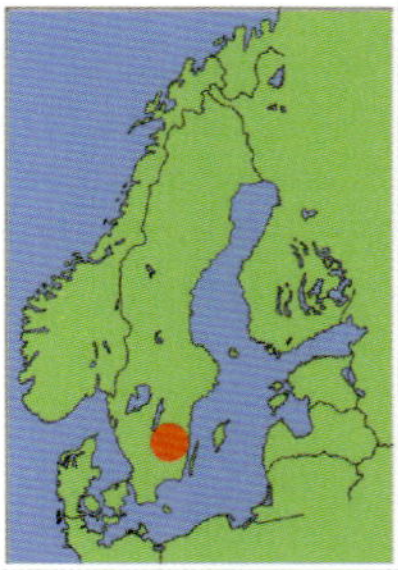

Bottnischer Gneisgranit

Alter: 1,6 Milliarden Jahre.
Herkunft: Bottnischer Golf.
Beschreibung: Der Bottnische Gneisgranit zeigt denselben ziegelroten Farbton wie die Åland-Gesteine. Er besteht nahezu ausschließlich aus rotem Feldspat und weißem Quarz. Der Quarz ist zuckerig und kann in Schlieren oder unregelmäßigen Streifen das ganze Gestein durchziehen. Dunkle Minerale treten stark in den Hintergrund.

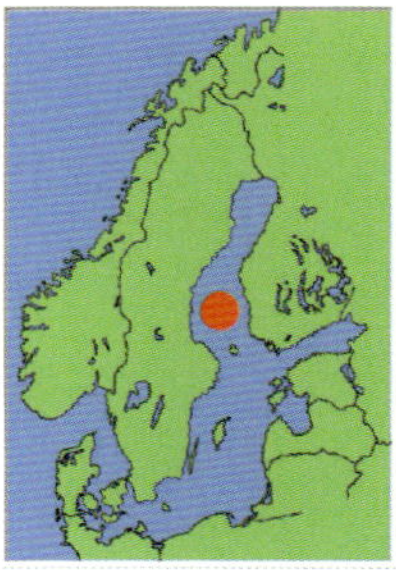

Man vermutet die Heimat des Bottnischen Gneisgranites im Bottnischen Golf am Grunde der Ostsee. Er kommt als Geschiebe auf Åland vor und ist bei uns immer mit Åland-Graniten, Ostsee-Quarzpophyren und baltischen Gesteinen vergesellschaftet.
Häufigkeit: in typischer Ausprägung nicht häufig.

Hornblende-Fels

Alter: 900 Millionen Jahre.
Herkunft: Skien (Telemark) / Norwegen, ?Västergötland.
Beschreibung: Felse sind dichte, massig wirkende, metamorphe Gesteine. Der Hornblende-Fels hat eine helle, schmutzig-weiße bis gelbliche Grundmasse, die in der Hauptsache aus Quarz und Feldspat besteht. Aufgrund der Metamorphose wachsen in der Grundmasse nadelförmige Hornblende-Kristalle. Sie können mehrere Zentimeter lang werden und sind teilweise parallel zueinander ausgerichtet.
Eine ausführliche Bezeichnung für dieses Gestein wäre „amphibol-porphyroblastischer Syeno-Monzonit" - aber Hornblende-Fels klingt einfach besser.
Häufigkeit: selten.

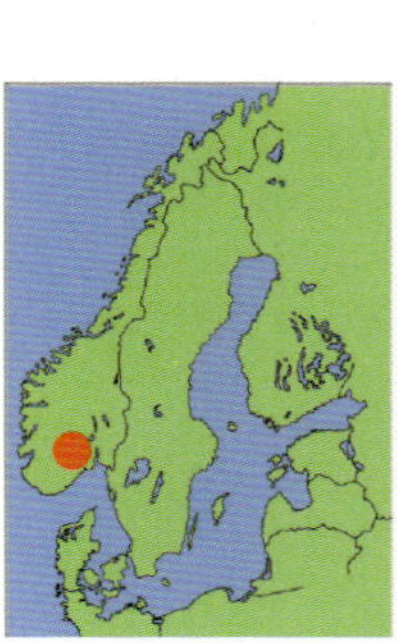

Olivin-Gabbro

Alter: > 1 Milliarde Jahre.
Herkunft: Uppland
Beschreibung: Auffallend sind die grünlichen Flecken auf der Oberfläche des Gesteins, die von einem dunkelgrünen Hornblende-Rand gesäumt sind. Sie stammen von verwitterten und somit tiefer liegendem Augit und Olivin. Die Größe der „Augen" beträgt zwischen 0,5 und 1,0 cm. Die Grundmasse besteht fast ausschließlich aus hellem Plagioklas.

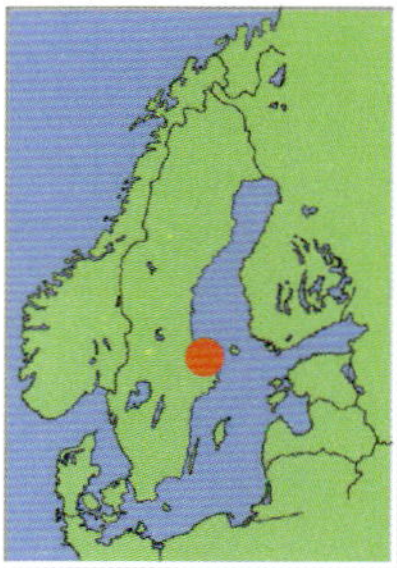

Olivingabbros stehen in vielen Gegenden Skandinaviens an: Østerdalen und Vestmarka in Norwegen; Jämtland, Värmland, Småland und Uppland in Schweden. Die wenigen Geschiebefunde stimmen mit den Funden von Rådmansö in Uppland am besten überein (Jan KOTTNER, pers. Mitt.). Der Rådmansö-Gabbro wird auch als Allivalit bezeichnet und heißt im skandinavischen Volksmund „Dalmatinerstein".
Häufigkeit: sehr selten.

Schonen-Granulit

Alter: 970 Millionen Jahre.
Herkunft: Südwest-Schweden.
Beschreibung: Der Schonen-Granulit besteht überwiegend aus rotem Feldspat und (dunkel-)grauem Quarz. Auffällig sind die ausgewalzten Quarze, die das ganze Gestein durchziehen. Manchmal sind sie „wurstartig“ entwickelt und erscheinen je nach Blickrichtung streifig oder punktförmig. In anderen Fällen sind sie plattig und von allen Seiten als schmales Quarzband erkennbar.

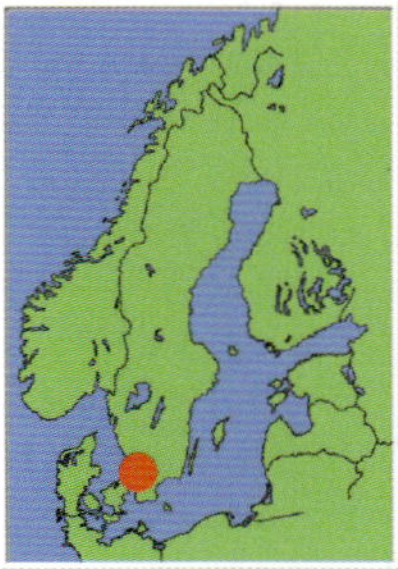

Granulite sind wie Charnockite und Granatgabbros (s. S. 134ff) Gesteine, die unter hohen Drücken und Temperaturen umgewandelt wurden (hochmetamorph). In der Regel führen alle Granulite Granat. Obwohl dies beim Schonen-Granulit nicht der Fall ist, wird er doch zur Granulit-Fazies gerechnet.
Häufigkeit: selten.

Mylonit

Alter: Ausgangsgestein ca. 1,6 Milliarden Jahre, Mylonitisierung vor 915 Millionen Jahren.
Herkunft: Mylonitregion in SW-Schweden.
Beschreibung: Ein Mylonit ist ein im wahrsten Sinne des Wortes zerquetschtes bzw. zermahlenes Gestein. Er entsteht zwischen zwei Gesteinsmassen, die bei tektonischen Überschiebungen aneinander vorbeigleiten. Durch den enormen Druck wird das Gestein an der Scherfläche plastisch verformt. Dies spiegelt sich in einer deutlichen Foliation wider. Minerale zerbrechen und werden wieder miteinander verkittet. Das Gestein besteht nahezu ausschließlich aus ausgelängten Feldspäten und Quarzbändern und zeigt so eine ausgeprägte Fließstruktur.
Häufigkeit: selten.

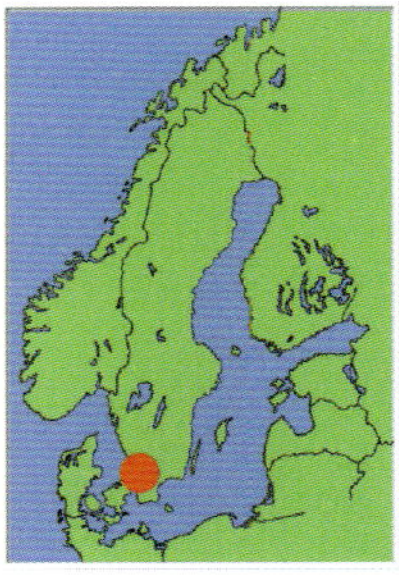

Mafischer Granulit

Alter: 1,4 Milliarden Jahre, Metamorphose vor 970 Millionen Jahren..
Herkunft: SW-Schweden.
Beschreibung: Der mafische Granulit ist ein Granat führender Gabbro. Es handelt sich dabei um ein mattes, unauffälliges Gestein. Es besteht hauptsächlich aus dunklen Pyroxenen und hellen Plagioklasen. Dazwischen unregelmäßig eingestreut finden sich zahlreiche, winzig kleine Granatkristalle von blutroter Farbe.
Der Mafische Granulit ist erst 1996 von VINX als Leitgeschiebe erkannt worden. Er stammt aus demselben Herkunftsgebiet wie der Weißschlierige Granatamphibolit, der jedoch deutlich mehr Hornblende führt, in hellem Licht glänzt und eine leichte parallele Einregelung der dunklen Minerale (Foliation) zeigt, wie sie beim Granatgabbro nicht zu beobachten ist.
Häufigkeit: nicht selten, wird aber oft nicht erkannt.

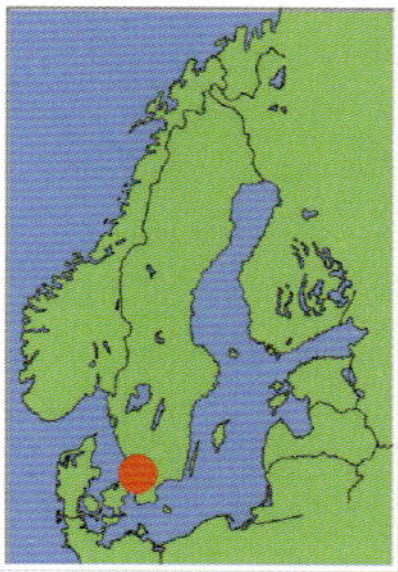

Granat-Coronit

Alter: 1,4 Milliarden Jahre, Metamorphose vor 970 Millionen Jahren.
Herkunft: SW-Schweden.
Beschreibung: Der Granat-Coronit ist eine besondere Form des Mafischen Granulites. Beide Gesteine kann man auch als Granat-Gabbro bezeichnen. Der Granat-Coronit ist dadurch gekennzeichnet, dass die Granatkristalle saumförmig um die Plagioklase herum angordnet sind. Man spricht dann von einer Corona. Solch eine Corona-Bildung zeugt von einer unvollständigen Metamorphose.
Häufigkeit: selten.

Varberg-Charnockit

Alter: 1,4 Milliarden Jahre, Metamorphose vor 970 Millionen Jahren.
Herkunft: Halland.
Beschreibung: Charnockite sind schwer zu erkennen. Es sind dunkle Gesteine mit granitartigem Gefüge, die aus schwarzen Pyroxen und Amphibolen sowie gelblichen bis grünen Feldspäten bestehen. Quarz kommt in unterschiedlicher Häufigkeit vor, liegt dann meist in dünnen Schlieren vor. Auch kleine Granatkörnchen können enthalten sein. Im Idealfall zeigen die dunken Minerale (vor allem die Hornblende) Foliation, im Gestein sind dann kleine schwarze, parallel zueinander ausgerichtete, machmal leicht geschwungene Streifen sichtbar. Varberg-Charnockit besitzt oftmals eine gelbliche Verwitterungsrinde. Das frisch aufgeschlagene Gestein hat eine deutliche Grünfärbung, wie man sie von Graniten nicht kennt. Es gibt Übergänge zwischen dem Varberg-Charnockit und den Granat-Gabbros (s. S. 134f).
Häufigkeit: sehr selten, wird aber wohl meist übersehen.

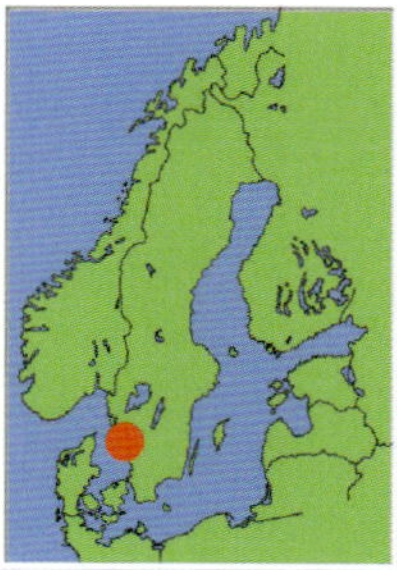

Streifige Hälleflinta

Alter: 1,8 - 2,0 Milliarden Jahre.
Herkunft: Småland, Uppland.
Beschreibung: Ein sehr dichter, metamorph überprägter Porphyr wird als Hälleflinta oder Helleflint bezeichnet. Übersetzt bedeutet dies „Felsenfeuerstein“. Das Gestein ist sehr zäh und bricht scharfkantig, erinnert tatsächlich in Bruch und Dichte an Feuerstein bzw. Flint. Eine besondere Variante des Felsenfeuersteins ist die Streifige Hälleflinta von Dannemora (s. Foto), die nördlich von Uppsala ansteht, Sie lässt eine auffallende Bänderung erkennen, ist recht farbintensiv und wirkt glasig.
Auch in Småland kommen gestreifte Felsenfeuersteine vor, die in der Regel eher einen rotvioletten Grundton besitzen und kleine Einsprenglinge in der Grundmasse erkennen lassen. Die Streifen resultieren hier aus extrem langen, ignimbritischen Flammen.
Häufigkeit: sehr selten.

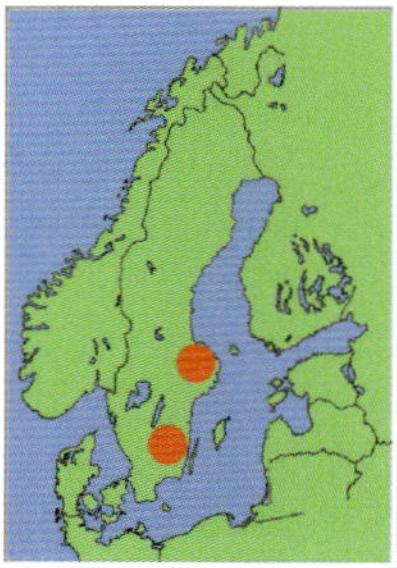

Norwegischer Quarzit

Alter: ?900 Millionen Jahre.
Herkunft: Norwegen (?Telemark).
Beschreibung: Quarzit ist durch Metamorphose aus einem Sandstein entstanden. Durch Druck und Temperatur sind die einzelnen Sandkörnchen untrennbar miteinander verwachsen.

An vielen Nordseestränden findet man rosafarbenen Quarzit. Er ist immer mit norwegischen Gesteinen wie Rhombenporphyr und Larvikit vergesellschaftet. Derartige Quarzite kennt man nicht aus Schweden oder dem Baltikum, daher ist ihre Heimat in Norwegen zu vermuten. Auch honiggelbe Quarzite, solche mit tiefroter Farbe oder mit zahlreichen „verheilten" Rissen dürften aus Norwegen stammen. Kleine, abgerollte Geschiebe erinnern in nassem Zustand an Bonbons (und sind übrigens sehr kalorienarm).

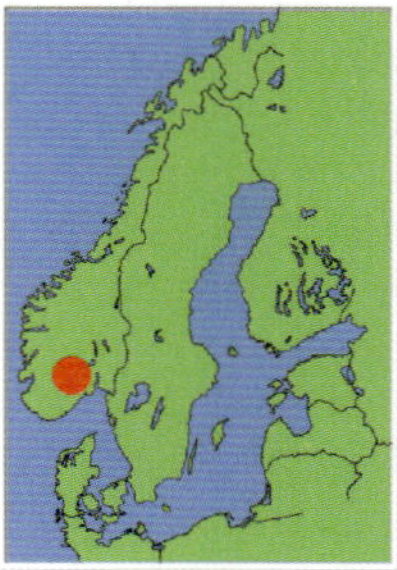

Häufigkeit: sehr häufig in Nord- und Westjütland / DK, andernorts deutlich seltener.

Forsmark-Brekzie

Alter: unbekannt.
Herkunft: Uppland und andere Gebiete Skandinaviens, ?Ostseegrund.
Beschreibung: Brekzien entstehen bei explosiven Ereignissen wie Vulkanausbrüchen oder der plötzlichen Zertrümmerung von Felsen bei Bergstürzen oder Hangrutschungen. Kennzeichnend sind scharfkantige Gesteinsfragmente, die davon zeugen, dass die Komponenten keine langen Transportwege zurückgelegt haben. Später wurden die Bruchstücke wieder verbacken. Im Fall der vorliegenden Brekzie sind die rötlichen Trümmer des ursprüglichen Gesteins durch weißen Quarz wieder verkittet worden. Manchmal sind in den Quarzadern kleine kristallgefüllte Hohlräume vorhanden.
Man kennt solche Brekzien von Forsmark in Uppland, es gibt sie aber wahrscheinlich auch noch in anderen Gegenden Skandinaviens, möglicherweise auch am Ostseegrund.
Häufigkeit: häufig.

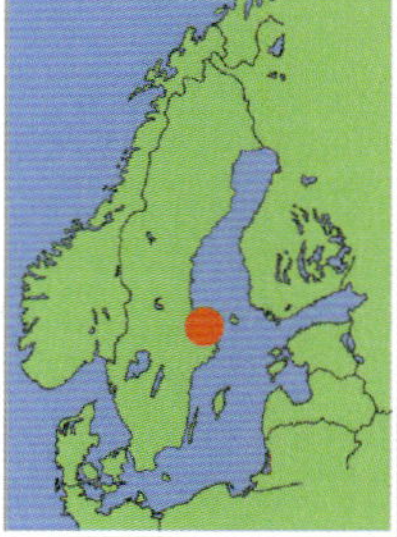

Digerberg-Konglomerat

Alter: 1,65 Milliarden Jahre.
Herkunft: Dalarna.
Beschreibung: Der rotviolette Jotnische Sandstein (siehe Band 1) steht im Nordbaltikum und in Dalarna an. Dieser Sandstein enthält immer wieder konglomeratische Lagen, die aber eine exakte Heimatbestimmung nicht erlauben. Andererseits sind zwischen den Porphyr-Decken in Dalarna recht ähnliche Sedimente eingeschaltet. Das hierzu gehörige Digerberg-Konglomerat enthält gut gerundete Gerölle von Dala-Porphyren (Bredvad-Porphyr, einsprenglingsreiche Porphyre) und selten Garberg-Granit. Zudem kommen Quarze und Quarzite, Feldspäte, Hälleflinte und manchmal dunkle basaltische Gesteinstrümmer darin vor. Einige Geschiebe besitzen sehr viele verschiedene Komponenten, andere dagegen nur wenige. Trotz der Ähnlichkeit der Matrix mit dem Jotnischen Sandstein sind die Digerberg-Sedimente deutlich älter.
Häufigkeit: selten.

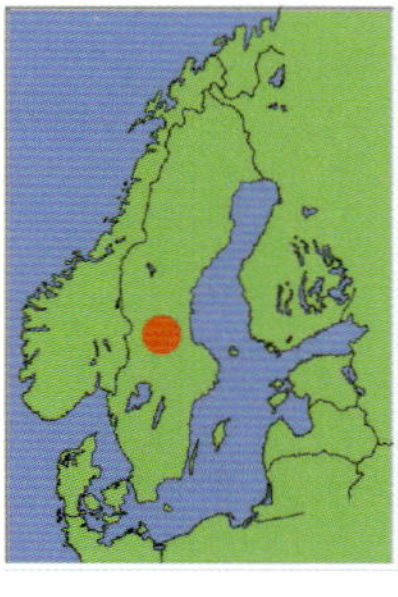

Digerberg-Tuffit

Alter: 1,6 Milliarden Jahre.
Herkunft: Dalarna.
Beschreibung: Ein Tuffit entsteht bei der Vermengung von vulkanischem Auswurfmaterial mit einem klastischen Sediment. Beispielsweise wird Asche in ein Gewässer eingetragen und mischt sich dort mit den bereits vorhandenen Sedimentpartikeln. Beim Digerberg-Tuffit finden sich sehr viele kleine Splitter von rötlichen Dala-Porphyren eingelagert in rotem Sandstein. Das ähnliche Digerberg-Konglomerat (s. S. 140) führt größere, deutlich gerundete Dala-Porphyre in einer sandigen Matrix.
Häufigkeit: recht selten.

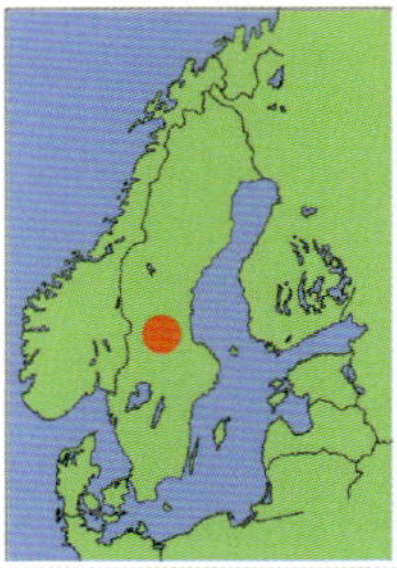

Tillit

Alter: 650 Millionen Jahre (Präkambrium): Varanger-Eiszeit.
Herkunft: Randgebiete der Kaledoniden: Mjösa-See (Oppland/N), Varangerfjord (Nordostnorwegen), Nordjämtland, Västerbotten (Fjällkednan), u. a.
Beschreibung: Ein Tillit ist im Grunde nichts anderes als versteinerter Geschiebemergel, also eine uralte Grundmoräne, die von einer früheren Vereisung zeugt. Man erkennt einen Tillit an den unsortierten Komponenten. Kleine und große Geschiebe sind in einer feinkörnigen, ungeschichteten Grundmasse eingebacken. Bei Konglomeraten sind die eingeschlossenen Gerölle in der Regel von einheitlicher Größe. Ganz sicher darf man allerdings erst sein, wenn die Gesteinstrümmer Gletscherschrammen tragen oder eingeregelt sind, d. h. mit ihrer Längsachse parallel zueinander liegen. Meistens sind auch verschiedenartige Gesteinsarten wie Gneise oder Granite enthalten. Ähnliche Gesteine wie den abgebildete Fund kennt man als Lokalgeschiebe aus Norddalarna.
Häufigkeit: sehr selten.

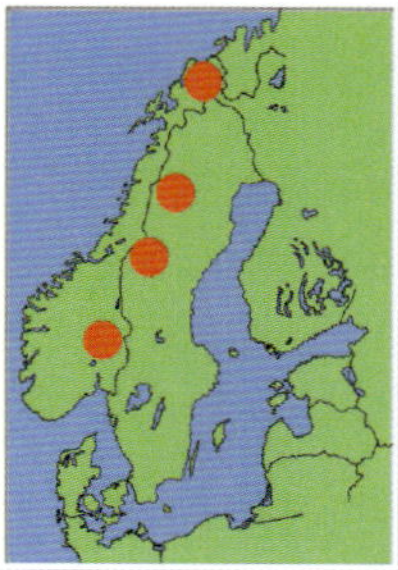

Biskopåsen-Konglomerat

Alter: 650 Millionen Jahre (Eokambrium).
Herkunft: nördliches Oslo-Gebiet (Mjösa).
Beschreibung: Das Biskopåsen- oder Biri-Konglomerat gehört zur Sparagmit-Formation Südnorwegens. Es liegt zwischen der Brøttum-Formation und dem Biri-Kalk. In eine dunkelgraue, feinkrönige Matrix sind viele bis sehr viele Gerölle eingelagert. In der Hauptsache sind dies weiße Quarze oder Quarzitgerölle und dunkle Sandsteine. Granite, Gneise, Basalte, Phosphorite und andere Gesteinstypen sind deutlich seltener. Die Gerölle sind deutlich gerundet, gelegentlich durch Gebirgsdruck etwas ausgelängt. Die durchschnittliche Größe der Einschlüsse liegt bei 1 bis 5 cm, Gerölle von mehr als Handgröße sind bekannt. Mitunter ist die Packung so dicht, dass keine Zwischenmasse mehr auszumachen ist.
Häufigkeit: selten.

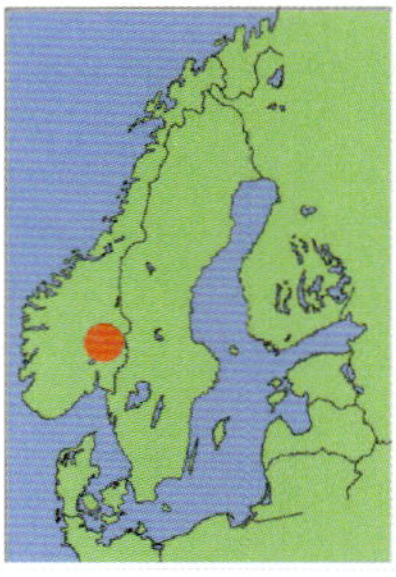

Leoparden-Sandstein

Alter: 545 - 510 Millionen Jahre, auch noch deutlich jünger.
Herkunft: verschiedene Gebiete in Skandinavien.
Beschreibung: Viele Sandsteine zeigen auf der Oberfläche braune bis schwarze Flecken oder Löcher, die durch Auswitterung entstanden sind. Bei fortschreitender Verwitterung können durch Vereinigung der Flecken große, dunkle und mürbe Partien entstehen. Das Gestein kann an diesen Stellen mit den Fingern zerrieben werden. Früher wurde das Gestein als „Tiger-Sandstein" bezeichnet. Da Tiger aber Streifen und keine Flecken haben, hat sich mittlerweile der Begriff „Leoparden-Sandstein" durchgesetzt. Diese spezielle Art der Verwitterung ist übrigens nicht nur auf einen bestimmten Sandsteintyp beschränkt, sondern findet sich bei Sandsteinen aus verschiedenen Erdzeitaltern wie Kambrium oder Kreide. „Leoparden-Sandstein" ist also ein Sammelbegriff.
Häufigkeit: häufig.

Hardeberga-Sandstein

Alter: 540 Millionen Jahre.
Herkunft: Schonen.
Beschreibung: Der Hardeberga-Sandstein ist sehr hart und quarzitisch. Er ist dickbankig, lässt sich kaum spalten. Seine Farbe variiert zwischen hell- und dunkelgrau, ist manchmal auch leicht gelblich. Manchmal führt der Hardeberga-Sandstein lagenweise gerundete, flache Gallen eines dunklen Tonschiefers. An der Oberfläche von Geschieben sind diese oftmals herausgewittert, zurück bleiben dann nur flache Vertiefungen auf der Schichtfläche.
Selten führt der Hardeberga-Sandstein die bis 4 cm breite und mehrere Dezimeter lange, fein gerippte Kriechspur *Psammichnites gigas*. Diese Spur kennt man aus dem Anstehenden im Hafen von Brantevik auf großen Schichtflächen.
Häufigkeit: nicht allzu häufig.

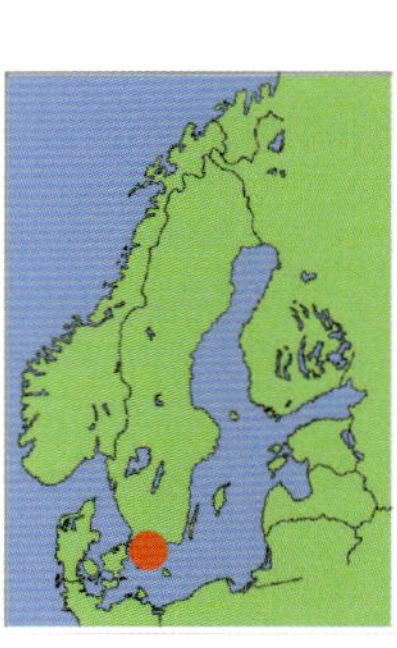

Diplocraterion-Sandstein

Alter: 540 Millionen Jahre.
Herkunft: Schonen.
Beschreibung: Viele quarzitische Sandsteine des unteren Kambriums führen eine reiche Spurenfauna. Es gibt Kriechspuren, die sich auf der Sedimentoberfläche befinden und Grabbaue, die nach unten in das Sediment getrieben werden. Zu ihnen gehört *Diplocraterion.* Dieser Bau besitzt eine U-förmige Röhre, ähnlich der Wohnröhre des rezenten Wattwurmes *Arenicola*. Zwischen den beiden Schenkeln des Baues befinden sich mehrere Spreiten. In der Aufsicht zeigt sich das charakteristische „Hantel"-Muster mit den beiden runden Querschnitten der Wohnröhre und den schmalen Spreiten.
Häufigkeit: nicht selten.

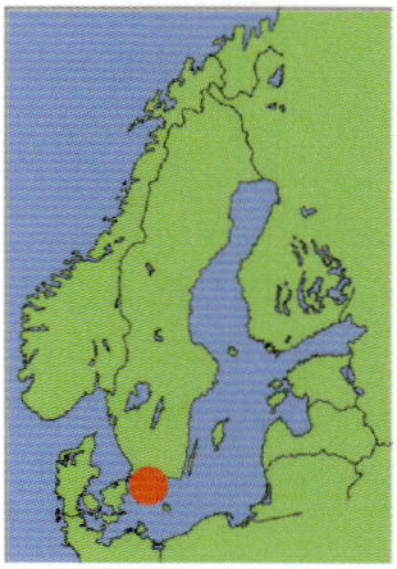

„Grüner Schiefer“ von Bornholm

Alter: 530 Millionen Jahre (unteres Kambrium).
Herkunft: Bornholm.
Beschreibung: Der „Grüne Schiefer“ ist in Wirklichkeit ein Sandstein, der auf Bornholm in einer Mächtigkeit von 80 - 100 Metern ansteht. Die Schichtflächen sind sehr uneben, wodurch sich das Gestein von den ähnlichen Glaukonitischen Sandsteinen Südschwedens unterscheidet. Ein sehr hoher Glaukonitgehalt ist für die grüne Farbe verantwortlich. Dort, wo der Glaukonit verwittert, verfärbt sich das Gestein bräunlich. Fossilien sind nur selten enthalten, und wenn, dann kommen vor allem Hyolithen vor, die in die Verwandtschaft der Weichtiere gehören. Häufig sind hingegen schmale Kriechspuren, von wurmartigen Organsimen im Schlamm des Urmeeres erzeugt.
Häufigkeit: häufig.

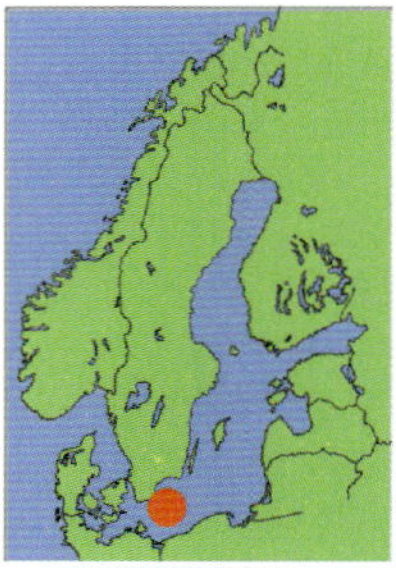

Proampyx-Sandstein

Alter: 520 Millionen Jahre (unteres Kambrium).
Herkunft: Schonen.
Beschreibung: Der seltene *Proampyx*-Sandstein, in der Vergangenheit auch als *Strenuella*-Sandstein bezeichnet, ist feinkörnig, mürbe, mehr oder weniger deutlich geschichtet und von heller, beigegrauer Farbe. Verwittert nimmt das Gestein eine schwarze Farbe an und kann zwischen den Fingern zerrieben werden. Fossilien treten nur sehr selten auf. Von den Trilobiten kennt man *Ornamentaspis? linnarssoni* (früher „*Proampyx*"), *Berabichia erratica* und *Epichalnipsus anartanus*. Daneben sind der scheibenförmige Brachiopode *Causea formosa* und Muschelkrebse bekannt.
Ebenfalls aus dem Unterkambrium stammt der ockergelbe, mit vielen Glaukonitkörnchen durchsetzte *Holmia*-Sandstein. Alle Trilobiten führende Sandsteine aus dem Unterkambrium sind sehr selten.
Häufigkeit: sehr selten.

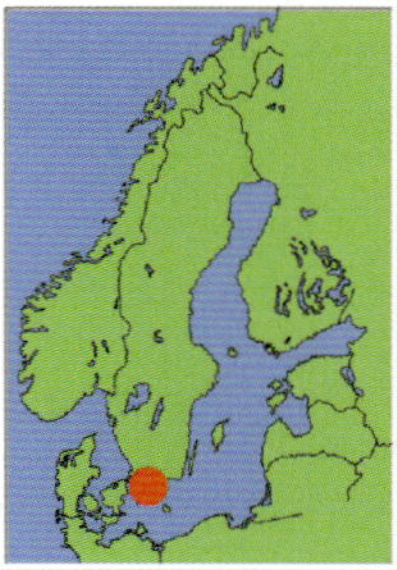

Fucoiden-Sandstein

Alter: 520 Millionen Jahre.
Herkunft: Skandinavien.
Beschreibung: Der Fucoiden-Sandstein (schwed.: „Kråksten“ = „Krähenstein“) ist von zahlreichen Kriechspuren durchsetzt, die nur selten eine exakte Bestimmung zulassen. Es handelt sich meist um einfache, gerade bis leicht gebogene, glatte, zylindrische Gänge, die in der Sammelgattung *Planolites* untergebracht werden. Derartige Spuren kommen in verschiedenen Sandsteinen vor, sind aber in großer Dichte kennzeichnend für den Fucoiden-Sandstein.
Häufigkeit: sehr häufig.

Paradoxissimus-Sandstein

Alter: 510 Millionen Jahre.
Herkunft: Öland.
Beschreibung: Der helle, weiße bis blaugraue, quarzitische *Paradoxissimus*-Sandstein ist plattig und meist gut spaltbar. Auf den Schichtflächen befindet sich im Idealfall eine Schillage von Trilobiten-Panzerteilen, vorwiegend zerbrochene Rumpfsegmente, aber auch Freiwangen, Kopf- und Schwanzschilde. Das Gestein verwittert bräunlich. Nur ganz selten sind winzige Glaukonit-Körnchen enthalten, Pyrit ist häufiger, kann in großen amorphen Flecken vorhanden sein. Früher wurde das Gestein auch als „*Tessini*-Sandstein" bezeichnet. Namengebend ist der Trilobit *Paradoxides paradoxissimus* (syn. „*P. tessini*"). *Paradoxissimus*-Sandstein ist in Norddeutschland und in Dänemark weit verbreitet.
Häufigkeit: gewöhnlich.

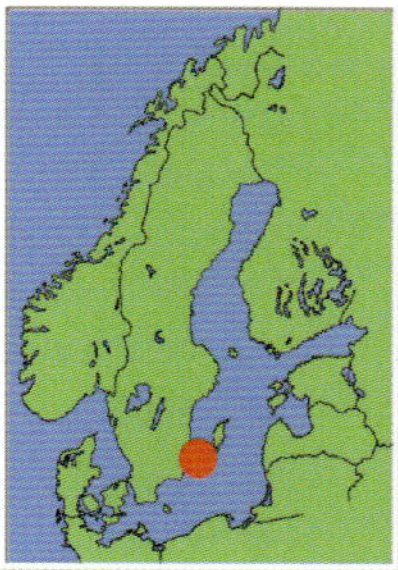

Anthrakonit

Alter: 500 Millionen Jahre (Oberes Kambrium).
Herkunft: Västergötland, Östergötland, Närke, Öland, Schonen.
Beschreibung: Anthrakonit ist durch Bitumen verunreinigter, kristalliner Kalkspat. Er ist an die Stinkkalkknollen in den Alaunschieferlagen Schwedens gebunden, wächst hier meist an der Unterseite der Konkretionen in den umgebenden Schiefer. Stinkkalk ist reich an organischer Substanz, verbreitet beim Anschlagen einen kräftigen Geruch nach Heizöl bzw. Diesel. Man kann sich Stinkkalk als versteinerten Faulschlamm vorstellen. Der hohe Gehalt an Schwefelkohlenwasserstoffen ist auch für den sehr intensiven Geruch der stängeligen Anthrakonite verantwortlich. Anthrakonite sind ziemlich zerbrechlich bis bröckelig, überstehen den Transport durch die Gletscher nur selten.
Häufigkeit: selten.

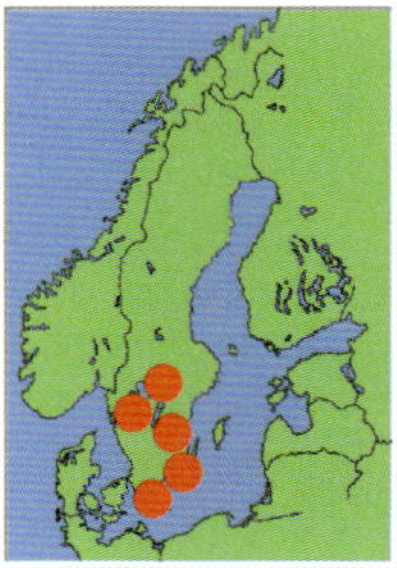

Ceratopyge-Kalk

Alter: 495 Millionen Jahre (Ordovizium: Tremadoc).
Herkunft: Schonen, Öland, Västergötland, Oslo-Gebiet.
Beschreibung: Kaum ein Geschiebe ist so schwer zu beschreiben wie der *Ceratopyge*-Kalk des untersten Ordoviziums. Er ist blaugrau, manchmal mit gelblicher Verwitterungsrinde, grün, rot oder violett gefärbt, dicht und splittrig bis zuckerkörnig. Manchmal führt er Mengen großer Glaukonit-Körner, manchmal nur vereinzelte kleine Körnchen, manchmal gar keinen Glaukonit. Man kann zehn verschiedene Typen unterscheiden. Trotzdem kann man ihn mit einiger Erfahrung sicher ansprechen. Die enthaltene Fauna, meist Trilobiten (*Ceratopyge, Symphysurus, Euloma*) und einige orthide Brachiopoden, erlaubt eine exakte Bestimmung. Das Gestein ist an seinem Entstehungort wenige Dezimeter bis maximal 1,5 Meter mächtig.
Häufigkeit: selten.

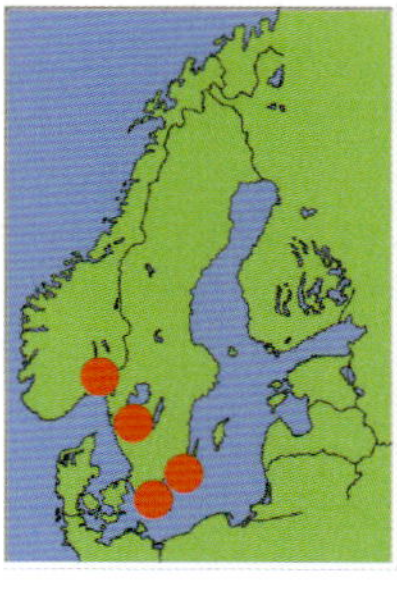

Planilimbata-Kalk

Alter: 485 Millionen Jahre (Ordovizium: Arenig).
Herkunft: Öland, Östergötland, Västergötland, Närke.
Beschreibung: Der bunte *Planilimbata*-Kalk gehört mit dem gleichmäßig roten *Limbata*-Kalk zu den Unteren Roten Orthocerenkalken. Benannt sind die Gesteine nach leitenden Arten der Trilobitengattung *Megistaspis*. Der *Planilimbata*-Kalk ist violett-rot und besitzt orangegelbe bis gelbgrüne Schlieren. Manchmal sind kleine Glaukonit-Nester vorhanden. Das Gestein lässt sich in der Regel gut aufspalten, auf den Schichtflächen finden sich gelegentlich bis zu 5 cm große Schwanz- und Kopfschilde von Trilobiten. Er ist jedoch deutlich fossilärmer als der typische Untere Rote Orthocerenkalk.
Häufigkeit: gewöhnlich.

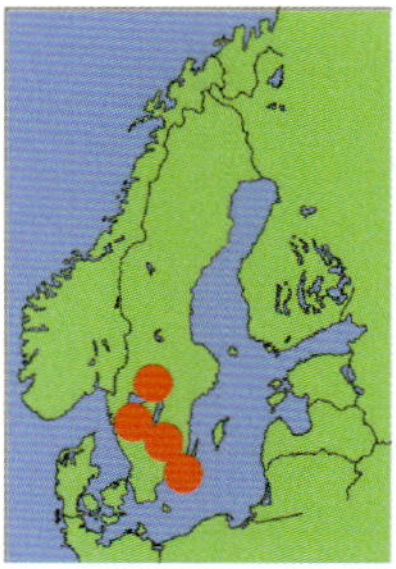

Unterer Roter Orthocerenkalk

Alter: 480 Millionen Jahre (Ordovizium: Arenig).
Herkunft: Öland, Östergötland, Västergötland, Närke.
Beschreibung: Der Untere Rote Orthocerenkalk gehört zu den häufigsten Sedimentärgeschieben an unseren Küsten. Seine Farbe variiert zwischen ziegelrot und dunkelrot. Er ist feinkörnig bis dicht. Manchmal sind einige Wühlspuren im Sediment grünlich eingefärbt. Auf der verwitterten Außenseite des Gesteins sieht man viele kleine Querschnitte von Fossilien. Stücke, die sich gut aufspalten lassen, führen auf den Schichtflächen manchmal zahlreiche Panzerteile von Trilobiten, die jedoch nur selten die 1 cm-Marke überschreiten. Häufig in einigen Varianten ist *Megistaspis limbata*, der diesem Kalk den Namen *Limbata*-Kalk gab.
Häufigkeit: sehr häufig.

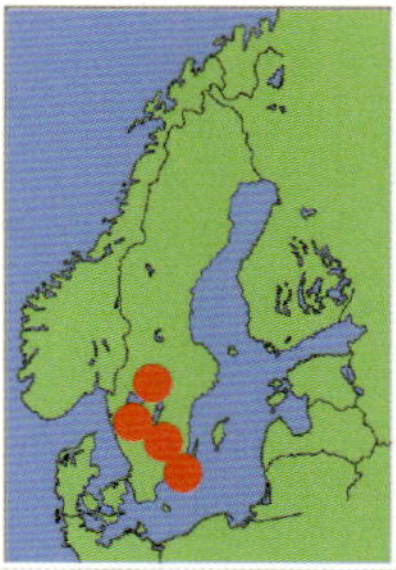

Unterer Grauer Orthocerenkalk

Alter: 475 Millionen Jahre (Ordovizium: Arenig).
Herkunft: Öland, Östergötland, Västergötland, Närke.
Beschreibung: Ein sehr dichter, harter und splittriger grauer Kalk, der recht fossilarm ist. Gelegentlich können einige Trilobiten der Gattung *Megistaspis* gefunden werden. Vereinzelt kommen auch Brachiopoden vor. Das Gestein führt einige wenige, kleine grüne Glaukonit-Körnchen. Eine sichere Bestimmung ist meist nur über die enthaltenen Fossilien möglich, besonders typisch ist *Megistaspis limbata*, der auch in den Unteren Roten Orthocerenkalken vorkommt.
Häufigkeit: gewöhnlich.

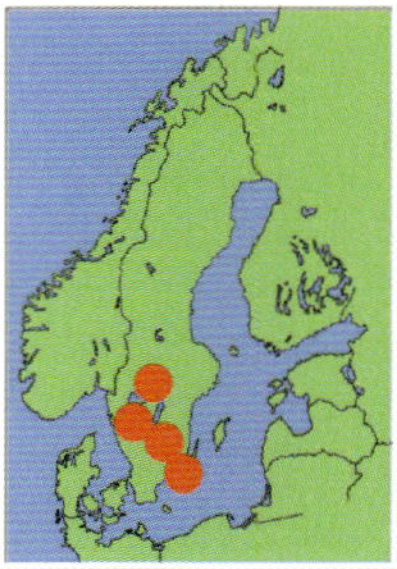

Schwarzer Orthocerenkalk

Alter: 470 Millionen Jahre (Ordovizium: Llanvirn).
Herkunft: Bornholm, Schonen.
Beschreibung: Der Schwarze Orthocerenkalk kommt auf Bornholm und in Schonen vor, wird dort als Komstad-Kalk bezeichnet. Das Gestein ist feinkörnig, dunkelgrau bis schwarz und im Geschiebe recht fossilarm. Auf der verwitterten Außenseite kann man Querschnitte kleiner Panzerteile von Trilobiten als weiße Linien erkennen. Gehäuse langgestreckter Kopffüßer („Orthoceren") kommen gelegentlich vor. Der etwas ältere Skelbro-Kalk von Bornholm gehört ebenfalls zu den Schwarzen Orthocerenkalken. Er führt eine reiche Trilobiten-Kleinfauna.

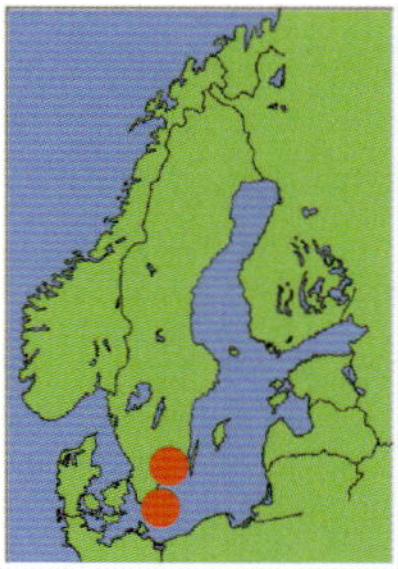

Verwechslungsgefahr: Es gibt mit den mittelkambrischen *Exsulans*- und Andrarum-Kalken ähnlich dunkle Gesteine, die aber deutlich älter und viel seltener sind. Oft haben diese senkrechte Kluftrisse und rostfarbene Flecken von verwittertem Pyrit.
Häufigkeit: nicht selten.

Norwegischer Kalk

Alter: 480 Millionen Jahre (Ordovizium: Arenig) bis 420 Millionen Jahre (Silur).
Herkunft: Oslo-Region.
Beschreibung: Das Ordovizium ist im Oslo-Gebiet etwa 350 Meter mächtig. Hier war die Wassertiefe größer als in Schweden oder in Estland. In der Folge wurden hier vorwiegend dunkelgraue bis fast schwarze Tonsteine und feinkörnige Kalke abgelagert, die z. T. leicht metamorph überprägt sind. In der Regel sind die ordovizischen Sedimente Norwegens feiner, „samtiger", sie brechen splittriger als vergleichbare Ablagerungen Schwedens. Einen wichtigen Hinweis zur Bestimmung gibt auch hier der Fundort. Nur im Norden Jütlands sind die norwegischen Kalke häufiger zu finden. Häufig sieht man Querschnitte von Fossilien auf der Oberfläche des Gesteins. Dunkle Kalke mit Brachiopoden, Korallen oder Seelilien gibt es auch im norwegischen Silur.
Häufigkeit: selten.

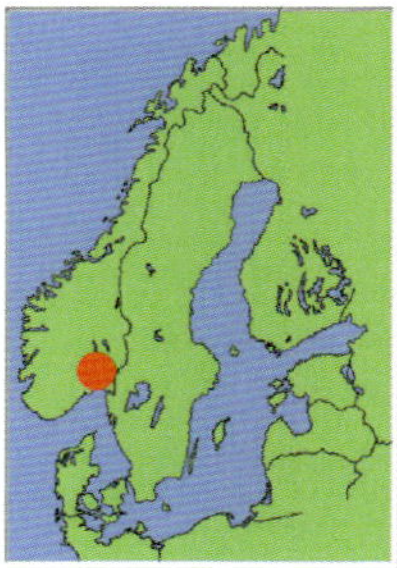

Mittlerer Grauer Orthocerenkalk

Alter: 470 Millionen Jahre (Ordovizium: Llanvirn).
Herkunft: Öland, Östergötland, Västergötland, Närke.
Beschreibung: Die graue und rote Variante des Mittleren Orthocerenkalkes wurde früher als Vaginatenkalk bezeichnet, benannt nach dem langgestreckten Gehäuse des Kopffüßers *Anthoceras vaginatum*. Die grauen Kalke werden in eine glaukonit-reiche Variante (Foto: *Expansus*-Kalk, namensgebend ist der Trilobit *Asaphus expansus*) und eine etwas jüngere Varietät ohne Glaukonit (*Raniceps*-Kalk; nach *Asaphus raniceps*) unterschieden. Beide Typen enthalten Trilobiten der Gattungen *Asaphus* und *Megistaspis* gleichzeitig. Das unterscheidet sie von den Unteren (nur *Megistaspis*) bzw. den Oberen Orthocerenkalken (nur *Asaphus*). Neben Trilobiten und Kopffüßern kommen vor allem Schnecken und Brachiopoden vor.
Häufigkeit: nicht selten.

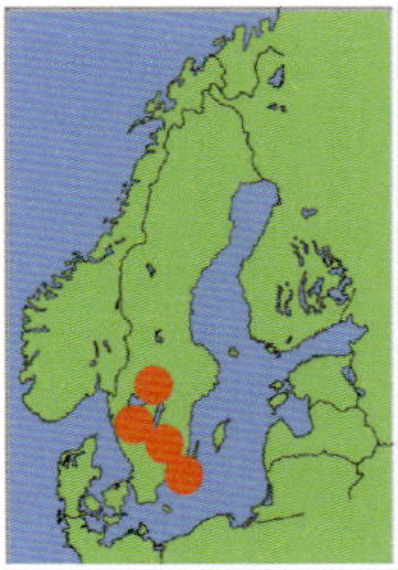

Athiella jentzschi-Konglomerat

Alter: 470 Millionen Jahre (Ordovizium: Llanvirn).
Herkunft: Ostseegrund bis Estland.
Beschreibung: Dieses Konglomerat wurde nach dem Brachiopoden *Athiella jentzschi* benannt, der in fast jedem Block anzutreffen ist. Das Gestein hat ungefähr dasselbe Alter wie der Mittlere Graue Orthocerenkalk (*Raniceps*-Kalk). Es geht in den Rögö-Sandstein über, der gröbere Trümmer weitgehend vermissen lässt. Im *Athiella jentzschi*-Konglomerat finden sich Phosphorit-Gerolle, Gesteinstrümmer, viele Quarzgerölle von Sandkorngröße bis zu mehreren Millimetern Durchmesser, sowie einzelne Fossilien. Häufig sind verschiedene Brachiopoden-Arten, auch Trilobitenreste kommen vor.
Häufigkeit: sehr selten.

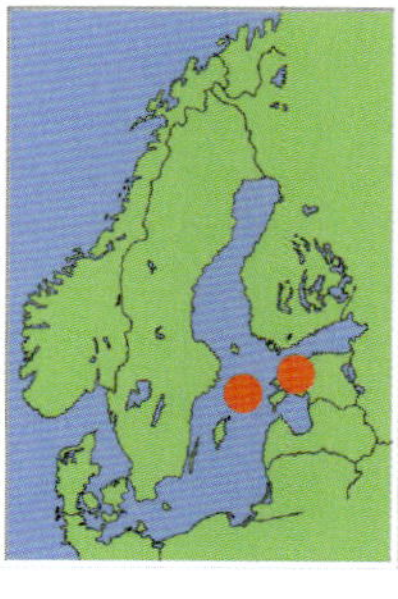

Mittlerer Roter Orthocerenkalk

Alter: 470 Millionen Jahre (Ordovizium: Llanvirn).
Herkunft: Öland, Östergötland, Västergötland, Närke..
Beschreibung: Das Gestein ist fein- bis grobkristallin („zuckerig") und enthält manchmal große weiße Calcit-Kristalle. Charakteristische Trilobiten der mittleren roten und grauen Orthocerenkalke sind *Pliomera*, *Megistaspidella*, *Metopolichas* und *Celmus*. In den roten Typen kommen zudem *Niobe*, *Platillaenus* und *Illaenus aduncus* vor.
Man unterscheidet faunistisch zwei Varianten, den *Obtusicauda*- und den *Gigas*-Kalk, benannt nach großwüchsigen *Megistaspidella*-Arten. Allein aus dem Gestein heraus ist diese Differenzierung jedoch nicht möglich.
Häufigkeit: relativ selten.

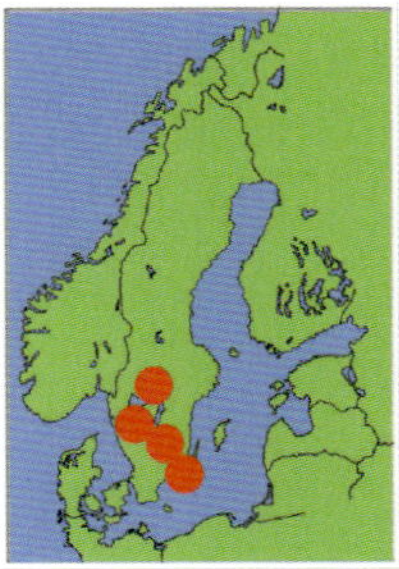

Oberer Roter Orthocerenkalk

Alter: 460 Millionen Jahre (Ordovizium: Llanvirn).
Herkunft: Öland, Süd- bis Mittelschweden.
Beschreibung: Der Obere Rote Orthocerenkalk ist an den Stränden der Ostseeküste nicht selten. Die Grundfarbe des Gesteins ist rot, darin eingeschaltet sind grünliche Partien. Orthoceren sind häufig, sie erreichen Längen von über einem halben Meter. Ein besonderes Kennzeichen ist ein roter Hämatitüberzug auf den langgestreckten Gehäusen der Kopffüßer, der abfärbt, wenn man mit dem Finger darüber streicht. Neben den Orthoceren kommen große Panzerteile von Trilobiten (*Neoasaphus platyurus*) vor. Andere Fossilien sind selten. In Västergötland ist der Obere Rote Orthocerenkalk nicht entwickelt.
Häufigkeit: häufig.

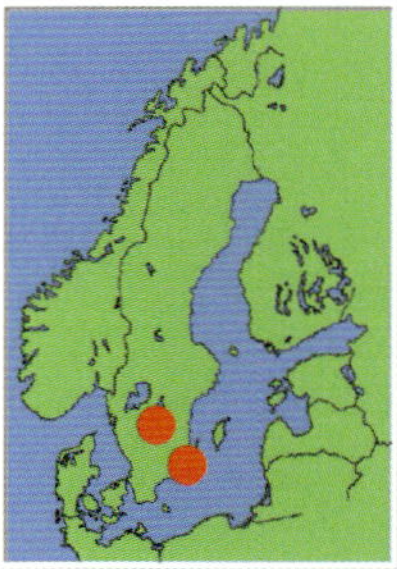

Oberer Grauer Orthocerenkalk

<u>Alter</u>: 460 Millionen Jahre (Ordovizium: Llanvirn).
<u>Herkunft</u>: Öland, Östergötland, Västergötland.
<u>Beschreibung</u>: Unter Sammlern eines der begehrtesten und fossilreichsten Gesteine des Ordoviziums. Das Gestein ist grüngrau, verwittert leicht gelblich und ist deutlich geschichtet. Aus unverwitterten Geschieben können Fossilien in bester Schalenerhaltung herauspräpariert werden. Häufig sind gestreckte und eingerollte Kopffüßer, Schnecken und Trilobiten.

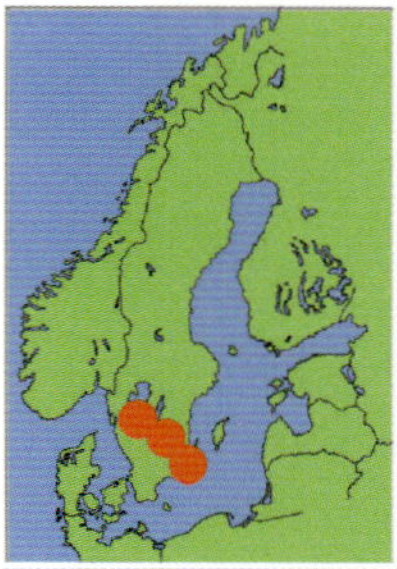

Eine Variante des Oberen Grauen Orthocerenkalkes ist der blaugraue, splittrig brechende und ebenfalls sehr fossilreiche *Schroeteri*-Kalk, benannt nach dem Trilobiten *Illaenus schroeteri*, dessen dicke, meist dunkelbraun gefärbte Panzerteile häufig in dem Gestein vorkommen. Auch andere Trilobiten-Arten, Schnecken und Kopffüßer, unter ihnen der bischofsstab-ähnliche *Lituites*, stellen die typische Fauna.
<u>Häufigkeit</u>: häufig.

Nileus-Kalk

Alter: 460 Millionen Jahre (Ordovizium: Llanvirn).
Herkunft: Västergötland.
Beschreibung: Der *Nileus*-Kalk ist sehr feinkörnig bis dicht und von blaugrauer Farbe. Verwitterte Blöcke nehmen eine gelbliche Farbe an. Das Gestein ist undeutlich geschichtet und manchmal von sogenannten Stylolithen (undeutliche Verzahnungen im Gestein, durch Auflösungserscheinungen entstanden) durchzogen. Gelegentlich führen die Geschiebe eingerollte Trilobiten (*Nileus* sp.) mit einem Durchmesser von etwa 1 cm, selten sogar in mehreren Exemplaren.
Häufigkeit: gewöhnlich.

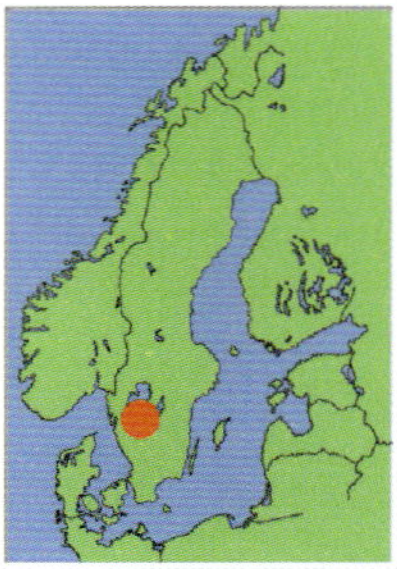

Echinosphaeriten-Kalk

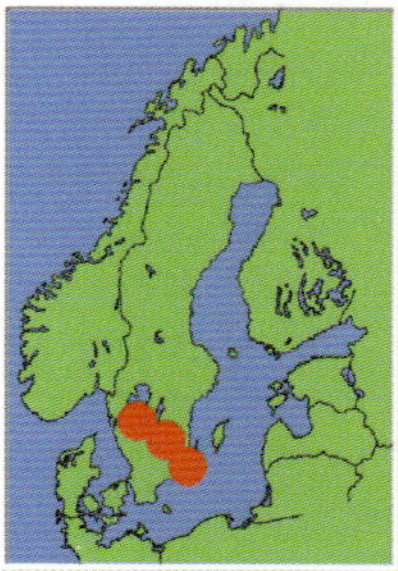

Alter: 455 Millionen Jahre (Ordovizium: Caradoc).
Herkunft: Öland, Süd- bis Mittelschweden.
Beschreibung: Echinosphaeriten gehören zu den Cystoideen, einer ausgestorbenen Gruppe der Stachelhäuter und damit in die Verwandtschaft der Seeigel. Das Gehäuse dieser Tiere ist kugelig bis sackförmig („Beutelstrahler") und aus zahlreichen einzelnen Kalkplättchen aufgebaut. Manchmal wächst von jeder dieser Platten ein Calcitkristall in das Innere des leeren Gehäuses, man spricht dann von „Kristalläpfeln". Diese kreisrunden Kristalldrusen mit 3 - 5 cm Durchmesser sieht man häufig schon auf der Außenseite des Gesteines.
Häufigkeit: selten.

Ludibundus-Kalk

Alter: 450 Millionen Jahre (Ordovizium: Caradoc).
Herkunft: Öland und angrenzender Ostseeraum.
Beschreibung: Die meisten graue Kalke kann man von außen nicht leicht unterscheiden, aber es gibt einige Bestimmungsmerkmale, auf die man achten kann. Der hellgraue *Ludibundus*-Kalk besteht aus zuckerkörnigen Kalkspatkristallen. Diese winzigen Kristalle glitzern auch auf der Oberfläche des Gesteins in der Sonne. Das Gestein ist selten geschichtet, meist massig, lässt sich aber leicht aufschlagen. In keinem anderen Geschiebe kommen vollständige Trilobiten so häufig vor, wie in dem *Ludibundus*-Kalk. Eigentlich müßte das Gestein nach dem reichen Vorkommen von *Ogmasaphus praetextus* (siehe kleines Foto) eher als *Praetextus*-Kalk bezeichnet werden, denn der namengebende *Neoasaphus ludibundus* ist in diesem Gestein eher selten.
Häufigkeit: leider relativ selten.

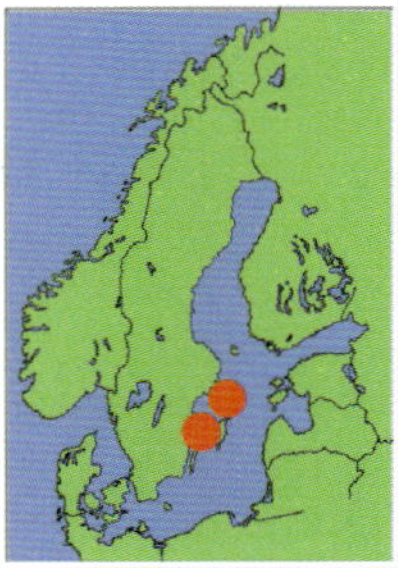

Backstein-Kalk

Alter: 450 Millionen Jahre (Ordovizium: Caradoc).
Herkunft: mittlere Ostsee.
Beschreibung: Backsteinkalk ist verkieselt, sehr hart und zäh. Die Kieselsäure stammt dabei aus überlagernden Bentoniten (kieselsäurereiche vulkanische Ablagerungen). Er bricht beim Aufschlagen fast feuersteinartig. Fossilien sind dann kaum herauszupräparieren, nur einige Wühlspuren von Würmern sind an den calcitgefüllten Gängen zu erkennen. Typisch ist auch die kantige Form.
Noch ein Hinweis: Manche Kalke, und nur Kalke, werden von dem Bohrringelwurm bewohnt, der charakteristische kleine Gänge auf der Oberfläche des Gesteins hinterlässt (s. Foto). Anhand dieser Borhlöcher kann man also Kalke erkennen, auch so harte wie den Backsteinkalk.
Häufigkeit: sehr häufig.

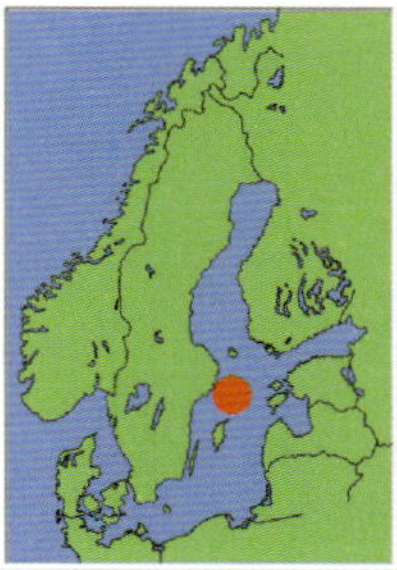

Backstein-Kalk (verwittert)

Alter: 450 Millionen Jahre (Ordovizium: Caradoc).
Herkunft: mittlere Ostsee.
Beschreibung: Wenn der Backsteinkalk verwittert, nimmt er eine beigebraune Farbe an, wirkt fast porös und erinnert tatsächlich an einen alten Backstein. Dann kann man in seinem Inneren verschiedene Fossilien finden: Algen, Moostierchen, Trilobiten, Muschelkrebse, Schnecken, Brachiopoden, Cystoideen (Beutelstrahler) und vieles mehr.
Häufigkeit: häufig.

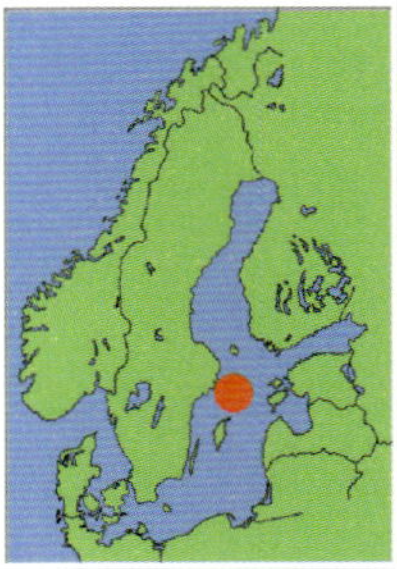

Macroura-Kalk

Alter: 450 Millionen Jahre (Ordovizium: Caradoc).
Herkunft: nördliches Öland und angrenzender Ostseeraum.
Beschreibung: Der grüngraue *Macroura*-Kalk kommt in gerundeten Blöcken vor, ist nicht geschichtet und von Wühlspuren durchsetzt. Charakteristisch sind rostbraune Flecken auf der Oberfläche des Gesteins. Manchmal kann man schon von außen Fossilquerschnitte erkennen oder die silbrig bis seidig-graublau glänzenden Schalen von Brachiopoden. Aufgeschlagene Blöcke können Schnecken, Muscheln, eingerollte Kopffüßer, Trilobiten (darunter der namengebende *Toxochasmops macroura*), Brachiopoden, Moostierchen und Algen enthalten. Verwitterte Blöcke erinnern an den Backsteinkalk. *Macroura*-Kalk lässt sich jedoch besonders in feuchtem Zustand in den Fingern schmierig zerreiben, während Backsteinkalk zerbricht.
Häufigkeit: gewöhnlich.

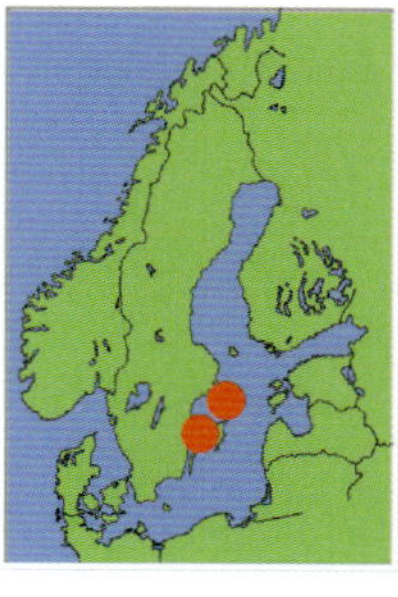

Coelosphaeridium-Kalk

Alter: 450 Millionen Jahre (Ordovizium: Caradoc).
Herkunft: unbekannt.
Beschreibung: Kennzeichnend für dieses Gestein sind zahlreiche, bis 1 cm große, kugelige Kalkalgen der Art *Coelosphaeridium cyclocrinophilum*. Das ist zwar ein ziemlich langer Name für so eine kleine Alge, aber gerade für Kinder ist es eine echte Herausforderung, diese lateinische Bezeichnung auswendig zu lernen. Man erkennt die Algen an einer kugeligen, gestielten Stammzelle, die im Zentrum sichtbar ist. Den zugehörigen Stiel sieht man nur manchmal, je nach Schnittebene. Von dieser Stammzelle zweigen kleine Äste strahlenförmig ab. Die Aussenseite zeigt ein charakteristisches Netz- bis Lochmuster. Besonders ästhetisch sind weiß bis hellblau verkieselte Algen. Die namengebende Algengattung kommt gelegentlich auch in anderen Kalken vor, so im Backsteinkalk und im Ostseekalk.
Häufigkeit: nicht allzu häufig.

Boda-Kalk

Alter: 445 Millionen Jahre (Ordovizium: Ashgill).
Herkunft: Dalarna.
Beschreibung: Der Boda-Kalk (oder Oberer *Leptaena*-Kalk) ist rosaweiß bis fleischrot und meistens zuckerig, manchmal dicht. Aus den kristallinen Blöcken, die kleine Drusen mit mehreren Millimeter langen Calcitkristallen oder reinweiße calcitische Lagen besitzen können, lässt sich eine artenreiche Zwergfauna von Trilobiten, Muschelkrebsen und Brachiopoden bergen. Andere Fossilien sind selten. Der Boda-Kalk stammt aus Dalarna in Mittelschweden, wo er den roten Kullsberg-Kalk (oder Unteren *Leptanea*-Kalk) überlagert.
Ähnlich sind der Ostsee-Kalk und der Palaeoporellen-Kalk, zu letzterem gibt es mehr oder minder fließende Übergänge. Der echte Boda-Kalk besitzt allerdings keine Stylolithen.
Häufigkeit: selten.

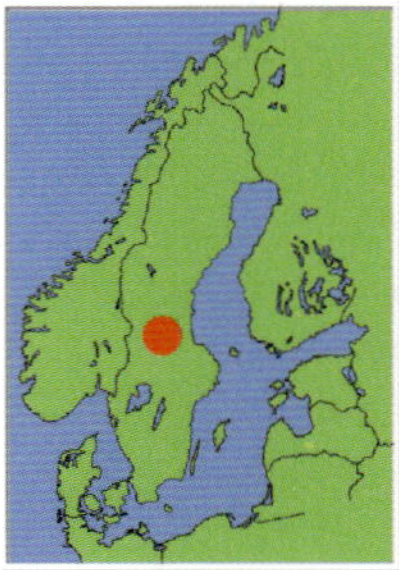

Roter Palaeoporellen-Kalk

Alter: 445 Millionen Jahre (Ordovizium: Ashgill).
Herkunft: ?Dalarna.
Beschreibung: Der dichte, weiße bis rosafarbene *Palaeoporella*-Kalk wurde schon im ersten Band beschrieben. Es gibt aber noch eine Variante, die sich durch ihre dunkelrote Farbe deutlich von diesem unterscheidet. Mit den gelegentlich vorkommenden grünlichen Partien erinnert das Gestein an den Oberen Roten Orthocerenkalk (s. S. 161). Bei genauer Betrachtung erkennt man jedoch die 1 - 3 mm großen Querschnitte der namengebenden Kalkalgen. Die Schichtgrenzen des Gesteins sind in der Regel durch Stylolithen (Verzahnungen, durch chemische Auflösungen und Druck entstanden) gekennzeichnet. Ähnliche Gesteine kennt man anstehend in einigen Kalkbrüchen am Siljan-See in Dalarna.
Häufigkeit: selten.

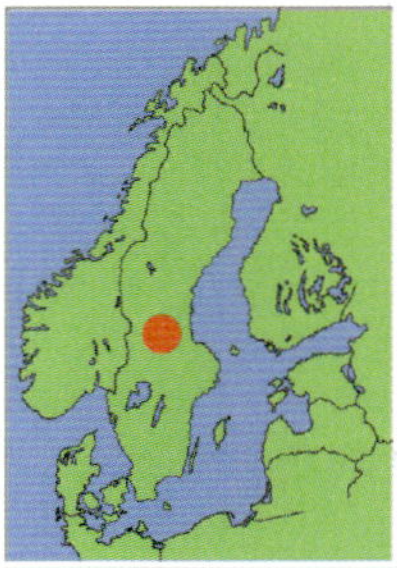

Cyclocrinus-Kalk

Alter: 445 Millionen Jahre (Ordovizium: Ashgill).
Herkunft: Nordbaltikum.
Beschreibung: Wie *Coelosphaeridium* gehört auch *Cyclocrinus* zu den Kalkalgen. Beide Gattungen sind eng verwandt, *Cyclocrinus* wird mit zwei bis drei Zentimeter Durchmesser jedoch deutlich größer. Auch ist *Cyclocrinus* nicht so stark verkalkt. Erhalten sind in der Regel nur die flachen Rindenzellen, die in Form einer Kugel angeordnet sind. Sie erscheinen im Querschnitt als zusammenhängender Kreis, die einzelnen Zellen sind mit der Lupe deutlich zu erkennen. Der *Cyclocrinus*-Kalk stammt aus dem oberen Ordovizium, hat etwa das gleiche Alter wie der Ostseekalk. Er ist meist grau, manchmal gelblich oder rosafarben. *Cyclocrinus*-Arten kommen auch im Backstein-Kalk, im *Macroura*-Kalk und im Ostsee-Kalk vor, sie erreichen aber nirgends diese hohe Dichte.
Häufigkeit: recht selten.

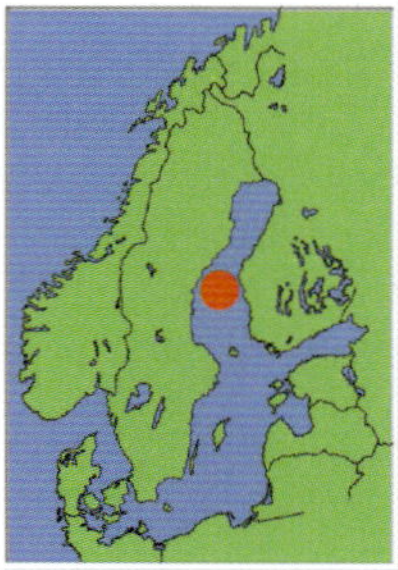

Korallen-Kalk

Alter: 420 - 440 Millionen Jahre (Silur).
Herkunft: Gotland und angrenzender Ostseeraum, ?Estland.
Beschreibung: Zur Zeit des Silurs lag der damalige Kontinent „Baltica" südlich des Äquators. Aus diesem Grund findet man heute riesige Korallenriffe auf Gotland. Jeder Urlauber kann am Strand der schwedischen Sonneninsel noch heute Einzelkorallen oder Teile stockbildender Formen aufsammeln. So häufig wie auf Gotland sind Korallen bei uns am Strand nicht, aber sie sind immer wieder zu finden. Einzelkorallen seltener, aber Bödenkorallen wie *Favosites* oder die Kettenkoralle *Catenipora* wird der aufmerksame Strandwanderer immer wieder entdecken. Diese silurischen Korallen zeugen von einer tropischen Riffwelt vor über 400 Millionen Jahren.
Häufigkeit: relativ häufig.

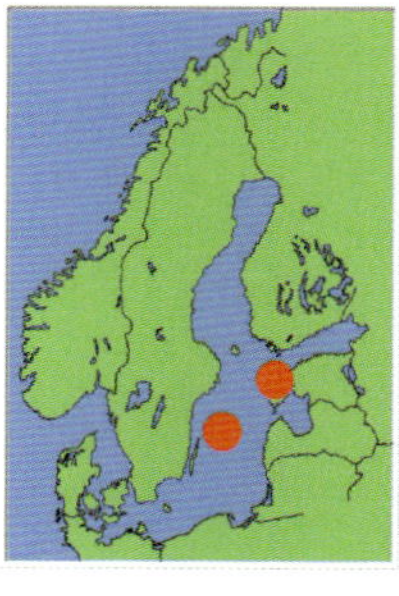

Stromatoporen-Kalk

Alter: 420 - 440 Millionen Jahre (Silur).
Herkunft: Gotland und angrenzender Ostseeraum, ?Estland.
Beschreibung: Stromatoporen sind schwammähnliche Organismen, die knollig, massig oder kissenförmig wachsen und aus zahlreichen Lagen aufgebaut sind. Diese laminare Struktur gab der Tiergruppe ihren Namen, denn „Stroma“ bedeutet „Decke“. Stromatoporen besitzen ein kalkiges Skelett. Sie können ausgedehnte Riffe bilden, was man auf Gotland besonders gut beobachten kann. Man erkennt im Anschliff deutlich den lagigen Aufbau - helle und dunkle Schichten wechseln sich ab. Mit der Lupe kann man manchmal winzige senkrechte Stützelemente ausmachen. Stromatoporen sind seit dem Ende der Kreidezeit ausgestorben.
Häufigkeit: relativ häufig.

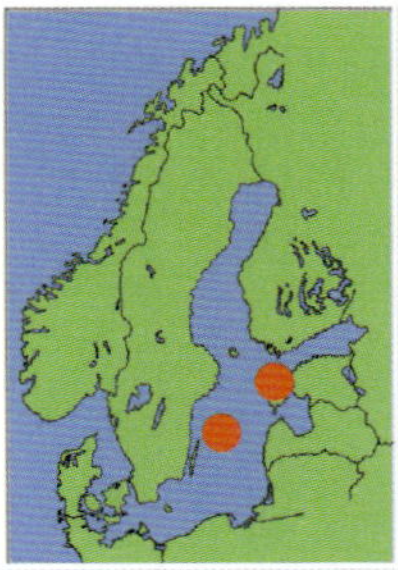

Stromatoporen

Alter: 420 - 440 Millionen Jahre (Silur).
Herkunft: Gotland und angrenzender Ostseeraum, ?Estland.
Beschreibung: Im Geschiebe kann man Stromatoporen nicht nur eingebettet in Kalkstein finden, manchmal liegen die hellbraunen Stromatoporen-Stöcke auch lose im Strandkies. Sie wirken fast „durchscheinend", wenn sie nass sind, und nur dann kann man sie wirklich gut entdecken. Den lagigen Aufbau kann man manchmal im Anschliff erkennen. Häufig kann man helle Schlagmarken auf der sonst samtig-matten Oberfläche erkennen, die durch das Aneinanderschlagen der Steine bei starker Wellenbewegung entstanden sind.
Häufigkeit: selten.

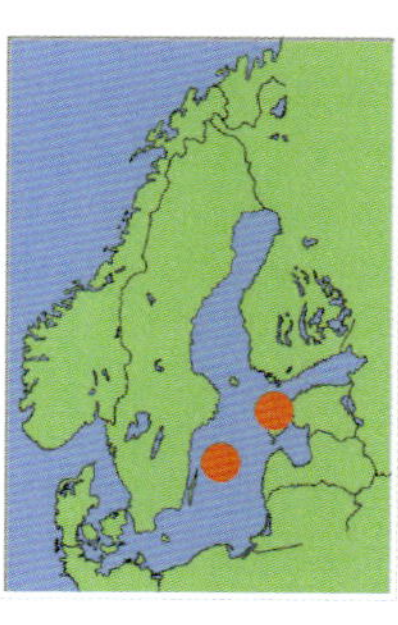

Grünlich-Graues Graptolithen-Gestein

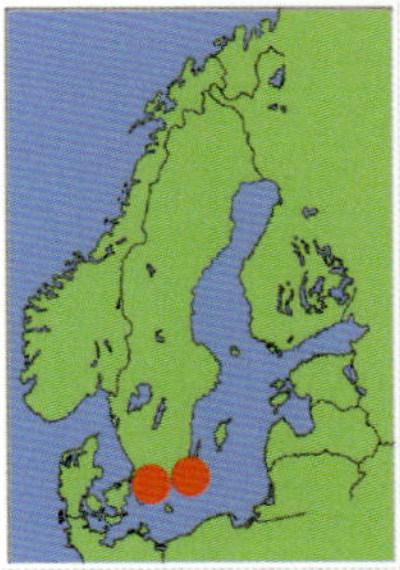

Alter: 425 Millionen Jahre (Silur).
Herkunft: Schonen, Meeresgrund südöstlich von Öland.
Beschreibung: Eines der begehrtesten Silurgeschiebe ist zweifelsohne das Grünlich-Graue Graptolithen-Gestein. Die oft brotlaibförmigen Knollen sind als Konkretion in mächtige Schieferlagen Schonens und angrenzender Gebiete eingebettet. Das Graptolithen-Gestein repräsentiert eine Stillwasserfazies und ist sehr arten- und individuenreich. Auf der Schichtfläche aufgeschlagener Gesteine finden sich manchmal massenhaft Graptolithen („Schriftsteine", laubsägeblatt-artige Kolonien kleiner polypenartiger Organismen). Andere Blöcke des Graptolithen-Gesteins führen eine reiche und bis ins Detail erhaltene Trilobitenfauna, die besonders aus grazilen, feinbestachelten Formen besteht. Zudem kommen Schnecken, Muscheln, Kopffüßer, Brachiopoden, Muschelkrebse und sogar Panzerfische darin vor.
Häufigkeit: nicht selten.

Crinoiden-Kalk

Alter: 420 Millionen Jahre (oberes Silur).
Herkunft: Gotland, Ostseegrund, Estland.
Beschreibung: Crinoiden sind Seelilien, Stachelhäuter aus der Verwandschaft der Seeigel, die in der Regel eine Wurzel, einen langen Stiel und eine Krone besitzen. Die Krone trägt lange, gefiederte Arme, mit denen das Tier Nahrungspartikel aus dem Wasser filtert. Alle Stachelhäuter haben ein Skelett, das aus zahlreichen kleinen Kalkplättchen besteht. Nach dem Tod der Tiere zerfällt dieses Skelett in hunderte von Einzelteilen. Manche Sedimente bestehen dann fast ausschließlich aus den runden Stielgliedern oder eckigen Kelchplatten von Seelilien - Crinoiden-Kalk. Es gibt derartige Gesteine im oberen Ordovizium und im Silur an verschiedenen Orten Baltoskandiens. Die Funde am Strand stammen jedoch meistens aus dem jüngeren Silur und sind zwischen Gotland und Estland beheimatet.
Häufigkeit: gewöhnlich.

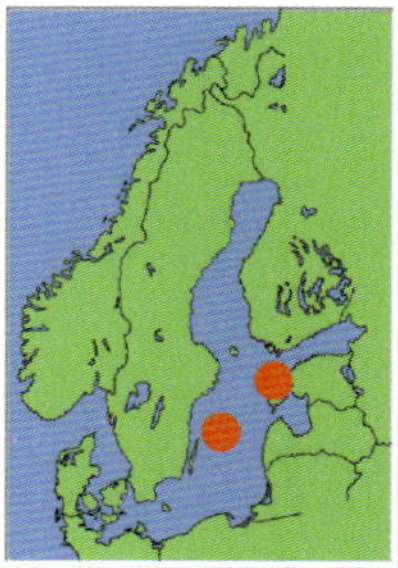

Öved-Ramsåsa-Sandstein

Alter: 420 Millionen Jahre (Silur: Ludlow - Pridoli).
Herkunft: Schonen.
Beschreibung: Das rötliche Gestein ähnelt mit seinen grauen oder grünen Partien auf den ersten Blick einem Roten Orthocerenkalk. Beim genauen Hinsehen erkennt man jedoch einen deutlich geschichteten, teils quarzitischen Sandstein. Auf manchen Schichtflächen können rote oder auch grünlichgraue Tongallen liegen, im Bild als flacher, linsenförmiger Körper im Querschnitt erkennbar. An Fossilien kommen überwiegend Muscheln und Brachiopoden vor, aber auch Flossenstacheln früher Fische sind zu finden.
Der Öved-Ramsåsa-Sandstein ist in Schonen ein paar hundert Meter mächtig. Es ist dort die jüngste Ablagerung des Paläozoikums.
Häufigkeit: nicht allzu selten, wird aber meist nicht erkannt.

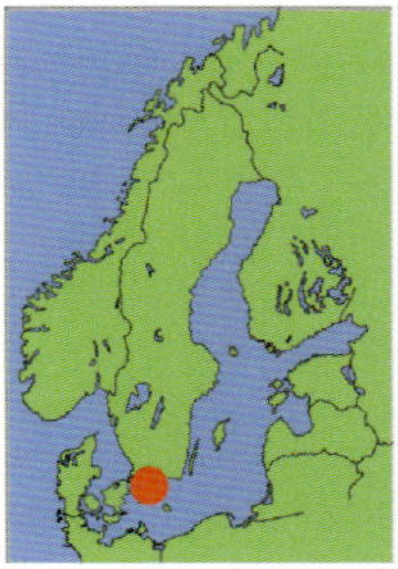

Phaciten-Oolith

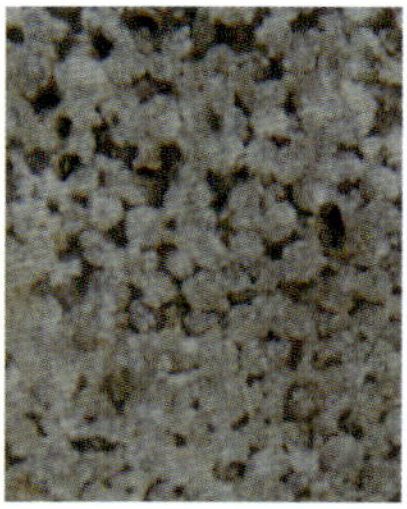

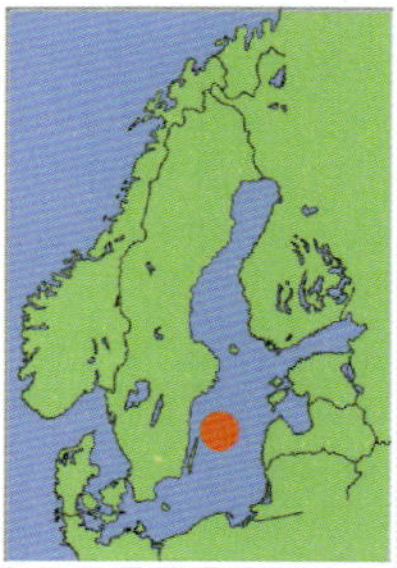

Alter: 418 Millionen Jahre (Silur: Pridoli).
Herkunft: Gotland.
Beschreibung: Ziemlich selten ist am Strand der Phaciten-Oolith anzutreffen. Das deutlich geschichtete, graue, weiß verwitternde Gestein besteht aus Ooiden von etwa 0,5 - 1,5 mm Durchmesser. Ooide sind kleine und schalig aufgebaute Kügelchen. Fossilien sind nur selten in diesem Gestein enthalten, lediglich einzelne Seelilienstielglieder der Gattung *Phacites* mit einem Durchmesser von wenigen Millimetern und Einzelkorallen kommen vor.
Oolithe entstehen in warmem Wasser mit starker Wellenbewegung. Mit dem Burgsvik-Oolith kommt im Süden Gotlands ein sehr ähnliches Gestein vor.
Häufigkeit: selten.

Roter Beyrichien-Kalk

Alter: 418 Millionen Jahre (Silur: Pridoli).
Herkunft: Schonen.
Beschreibung: Neben dem überall häufigen grauen Beyrichienkalk gibt es noch eine seltene rote Variante, die ebenso fossilreich ist. Das Gestein ist feinkörnig und blaßrot bis ziegelrot. Verwechslungsgefahr besteht mit dem Unteren Roten Orthocerenkalk, der fast dieselbe Farbgebung besitzt. Der Rote Beyrichienkalk ist fossilreicher, enthält häufig Schnecken, gestreckte Kopffüßer, Seelilienstielglieder und Brachiopoden, die man auf der Oberfläche im Anschnitt erkennen kann. Er kommt meist in kleineren Stücken vor. Roter Beyrichienkalk ist häufiges Bestandteil des Postsilurischen Konglomerates. Einige Autoren haben für den Roten Beyrichienkalk unterdevonisches Alter diskutiert.
Häufigkeit: selten.

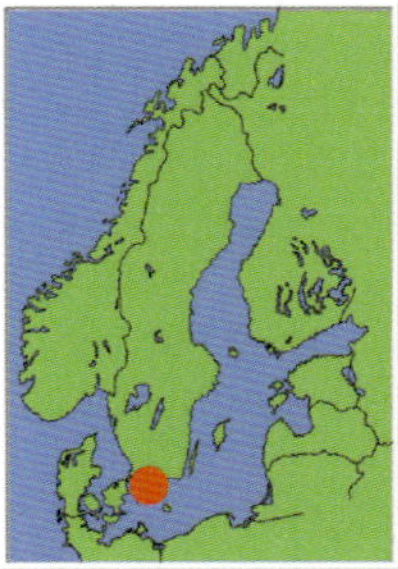

Buntes Konglomerat mit Fischresten

Alter: 417 Millionen Jahre (unteres Devon).
Herkunft: Ostseegrund westlich von Estland, Lettland, Litauen.
Beschreibung: Dieses Konglomerat gehört zu den ganz wenigen Geschiebe-Arten des Unterdevons, die bisher bekannt geworden sind. Es besteht aus sehr vielen, kleinen Gesteinstrümmern von gelber, brauner, roter und seltener grünlicher Farbe. Die Größe der Gerölle schwankt zwischen 0,5 und vielleicht 2 cm. Das Bindemittel ist grau und kalzitisch. Als Besonderheit ist hervorzuheben, dass dieses wirklich ausgesprochen bunte Konglomerat zahlreiche Fischreste führt. Werden die Gesteine aufgeschlagen oder besser mit Essigsäure aufgelöst, kann man im Rückstand schwarze, glänzende, z.T. abgerollte Hautschuppen, Zähnchen oder Knochenfragmente früher Panzerfische finden.
Häufigkeit: sehr selten.

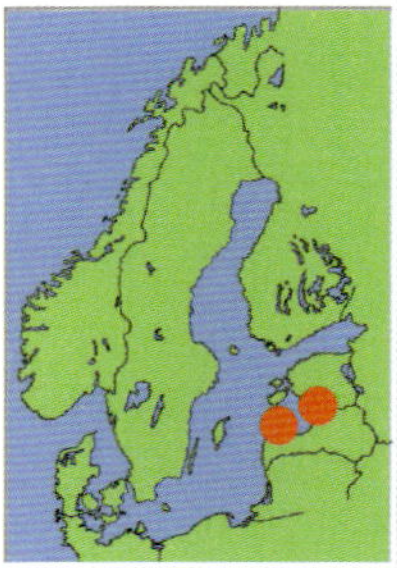

Dolomit

Alter: 390 Millionen Jahre (mittleres Devon).
Herkunft: Lettland.
Beschreibung: Im Baltikum gab es zur Zeit des Devon ein flaches Meer, zeitweise wurden Lagunen und Salzseen abgetrennt. Es herrschen dolomitische Kalke, Dolomite, Tone und Mergel vor. Der einstige Kontinent Laurussia lag zur Zeit des Devons am Äquator (Lettland hat vom Unter- zum Mitteldevon den Äquator überquert). Devongeschiebe sind im allgemeinen selten. Man kann zwischen dolomitischen und sandigen Gesteinen unterscheiden. Die Dolomite sind gelblich-grau bis rötlich-grau, manchmal mit blutroten Flecken. Fossilien sind selten. Manchmal kann man Muscheln oder Fischschuppen finden. Dolomite mit bohnengroßen, glatten Muschelkrebsen (*Leperditia*) gehören wohl noch ins oberste Silur. Dolomit schäumt beim Betropfen mit Salz- oder Essigsäure nur schwach auf, Kalk hingegen stark.
Häufigkeit: im allgemeinen selten, in Niedersachsen lokal häufig.

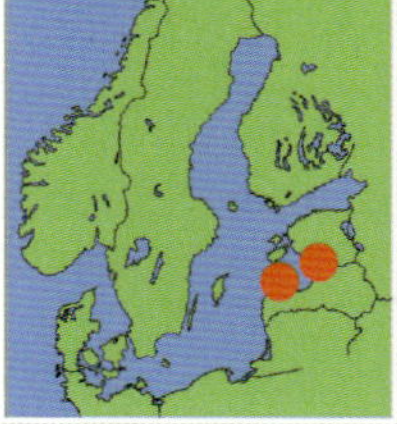

Kugelsandstein

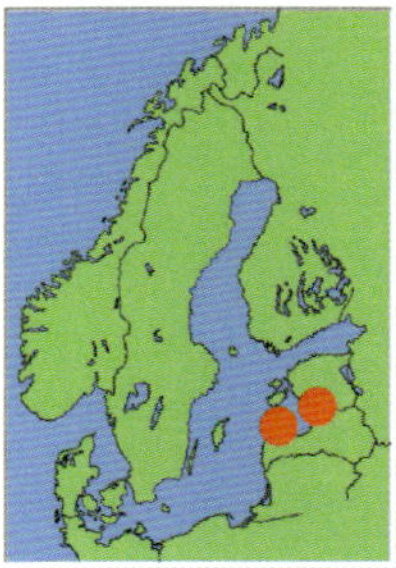

Alter: 390 Millionen Jahre (mittleres Devon).
Herkunft: Lettland.
Beschreibung: Kugelsandstein ist überall zu finden, aber nirgends richtig häufig. Durch Verwitterung treten an der Oberfläche des Gesteins kugelige Strukturen hervor. Aus diesem Grund findet man Kugelsandsteine in Kiesgruben leichter, da hier die Verwitterungsrinde nicht durch ständigen Wellenschlag wieder zerstört wird. Kugelsandsteine am Strand erkennt man oftmals nur an kreisförmigen Flecken auf der Oberfläche des Gesteins. Die Kugeln sind zwischen 2 - 3 mm und vielleicht 3 cm groß. Die Geschiebe sind fossilleer. Sie stammen meist aus dem Mitteldevon, sollen aber auch oberdevonisches Alter haben können.
Häufigkeit: eher selten.

Postsilurisches Konglomerat

Alter: 250 - 230 Millionen Jahre (Trias).
Herkunft: unbekannt, als Heimat diskutiert wurden das Kattegat und die Danziger Bucht.
Beschreibung: Das Postsilurische Konglomerat führt in einer feinkörnigen roten Matrix Gerölle bis 20 cm Größe. Neben den sehr charakteristischen Roten Beyrichienkalken (s. S. 180) sind meist Tonschiefer, Diabase und Sandsteine enthalten, aber auch Crinoidenkalke, Porphyre und Gneise kommen vor. Seine zeitliche Entstehung wird in der Trias vermutet, da einige der Gerölle permisches Alter besitzen.
Möglicherweise gibt es zwei Typen: das eine mit einem „bunten“ Geröllbestand, das andere führt eher grüne und graue Gesteinsbrocken und wirkt dadurch „blasser“.
Das ähnliche Bälteberga-Konglomerat aus Nordwest-Schonen enthält keine Roten Beyrichienkalke.
Häufigkeit: nicht allzu selten.

Kelloway-Kalksandstein

Alter: 165 Millionen Jahre (mittlerer Jura: Dogger).
Herkunft: Polen und angrenzender Ostseeraum.
Beschreibung: Auf den ersten Blick gleichen viele Jura-Geschiebe den tertiären muschel- und schneckenführenden Gesteinen. Sie bestehen vorwiegend aus Muschelgrus. Charakteristisch sind kleine, grob berippte Muscheln (*Astarte pulla*), zudem sind Austern (blau glänzende Schalentrümmer, fein lamelliert) häufig. Ammoniten sind bekannt, aber sehr selten.
Häufigkeit: selten in Schleswig-Holstein; häufiger in Mecklenburg-Vorpommern.

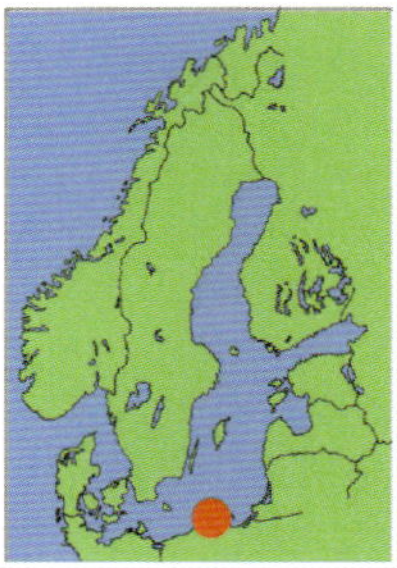

Jütländischer Malm-Kalksandstein

Alter: 148 Millionen Jahre (oberer Jura: Malm).
Herkunft: Skagerrak.
Beschreibung: An den Küsten von Nordjütland, besonders in der Umgebung von Hirtshals, trifft man selten auf grünlich-graue Kalksandsteine. Sie sind sehr zäh, lassen sich nur schwer spalten. Fossilien kommen häufig vor, dominierend sind verschiedenen Muschel-Arten. Selten kommen deutlich berippte Ammoniten vom *Perisphinctes*-Typ vor.
Die Geschiebe-Art kommt nahezu ausschließlich in Nord-Jütland und am Limford vor, sowohl an den Küsten, als auch in Kiesgruben. Man vermutet die Heimat der Gesteine deshalb am Grund des Skagerrak.
Häufigkeit: selten in N-Jütland, andernorts nahezu unbekannt.

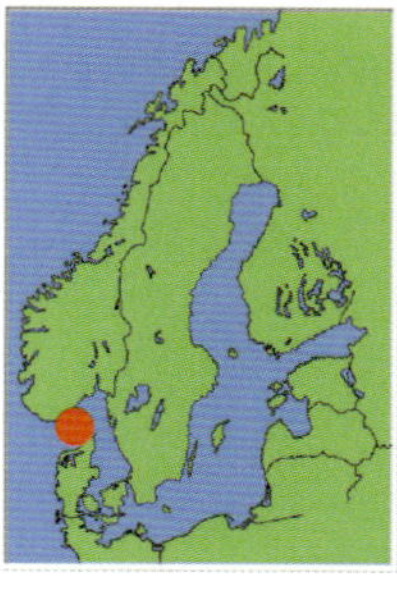

Foto: Andrea Rohde.

Unterkreide-Sandsteine mit Pflanzenresten

Alter: 125 Millionen Jahre (untere Kreide: Barrême).
Herkunft: Südbaltikum, Odermündung, Schonen.
Beschreibung: Unterkreide-Sandsteine sind braun, schmutzig weiß bis grau und mehr oder weniger grobkörnig und deutlich geschichtet. Der Sandstein kann neben unbestimmbaren, verkohlten Pflanzenteilen und Holzstückchen auch schöne Farnwedel enthalten. Ähnliche Sandsteine gibt es schon im Rhät-Lias (Grenze Trias/Jura). Aus dem untersten Jura stammt der grobe, nahezu ungeschichtete Höör-Sandstein, der an seinem speckigen Glanz erkennbar ist. Der beige-weiße, deutlich geschichtete Holma-Sandstein führt größere Holzreste und stammt wahrscheinlich aus der unteren Oberkreide Schonens. Nicht immer sind diese Sandsteine einwandfrei voneinander zu unterscheiden.
Häufigkeit: nicht allzu selten.

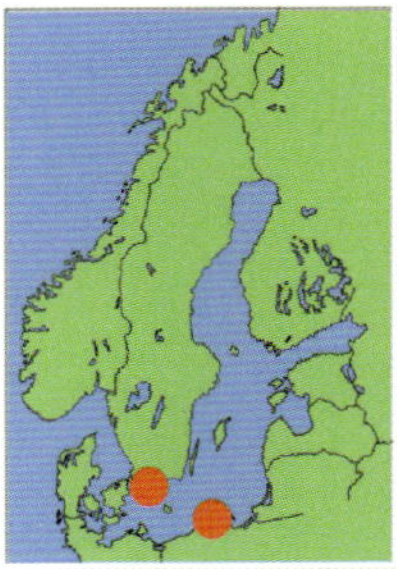

Wealden-Sandstein

Alter: 125 Millionen Jahre (untere Kreide: Berrias).
Herkunft: Oderbucht und anschließender Ostseeraum.
Beschreibung: Der Name „Wealden“ gründet sich auf brackische Ablagerungen im Südosten Englands. Ähnliche Sedimente gibt es verbreitet auch in Frankreich, Belgien und Norddeutschland. Der harte, grüngraue Wealden-Sandstein verwittert leicht bräunlich. Er führt eine artenarme aber individuenreiche Fauna, die vorwiegend aus Muscheln der Gattung *Corbicula (= „Cyrena“)* besteht. Ihre bis 1 cm großen Schalenquerschnitte sind fast immer schon auf der Außenseite des Gesteines zu sehen. Die Muscheln besitzen meist weiß-verwitterte, kreidige Schalen oder liegen in Steinkernerhaltung vor. Gelegentlich sind schwarze Holzreste zu beobachten.
Häufigkeit: selten.

Bornholm-"Quarzite"

Alter: 85 - 100 Millionen Jahre (obere Kreide: Cenoman bis Santon).
Herkunft: Bornholm.
Beschreibung: Im Süden von Bornholm stehen mehr oder weniger glaukonitische Sandsteine und verkieselte Kalke an, dazwischen eingeschaltet knollige Horizonte und Quarzitlagen. Man unterscheidet hier den Arnager Grünsand (Cenoman), den Arnager Kalk (Coniac) und den Bavnodde Grünsand (Santon). Im Geschiebe sind diese Sedimente nicht immer sauber voneinander zu trennen, da ihre Ausbildung auch im Anstehenden schnell wechselt und sich innerhalb der Schichtenfolgen wiederholt. Häufig sind Muschelschalen, hier vor allem Inoceramen, Schwämme und Belemniten enthalten, aber auch Ammoniten, Brachiopoden und vieles andere kann man in diesen Gesteinen finden. Am fossilreichsten ist dabei der Bavnodde Grünsand. Der Arnager Kalk ist an der Basis konglomeratisch entwickelt und führt viele Phosphorite.
Häufigkeit: nicht häufig.

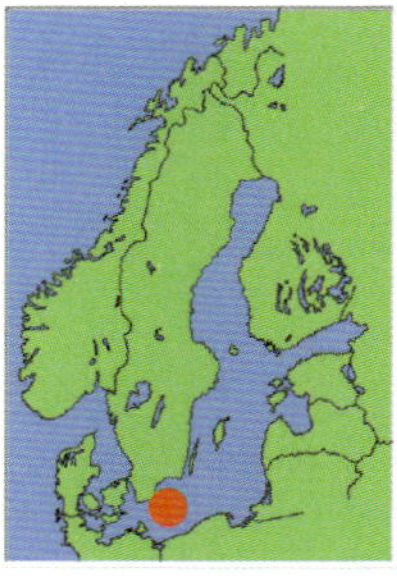

Schwedische Trümmerkreide

Alter: 80 Millionen Jahre (Kreide: unteres Campan).
Herkunft: Schonen.
Beschreibung: Im Gebiet um das südschwedische Kristianstad ist an der Basis der Campan-Ablagerungen (Oberkreide) ein Transgressionshorizont entwickelt. In diesem küstennahen Sediment finden sich häufig Granit- und Gneis-Trümmer, teils kantig, teils gerundet (in der rechten Hälfte des abgebildeten Fundstückes gut zu erkennen). Zudem sind häufig Austern, Muschelschalen und Belemniten enthalten.
In der Literatur liest man auch den Begriff „Schalentrümmerkalk" oder „Trümmerkalk von Ignaberga".
Häufigkeit: selten.

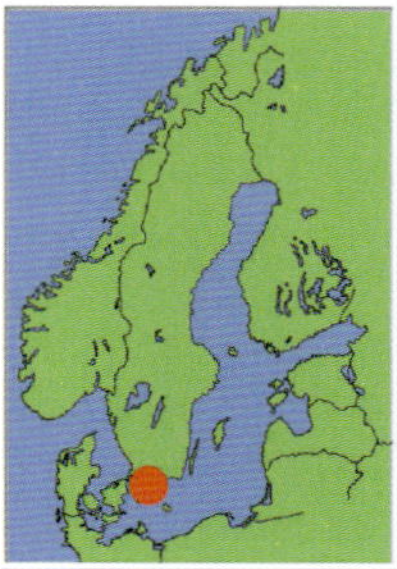

Tosterup-Konglomerat

Alter: 80 Millionen Jahre (Kreide: unteres Campan).
Herkunft: Schonen.
Beschreibung: Das Tosterup-Konglomerat führt sehr viele gerundete Gerölle von grüngerindeten silurischen Schiefern und braunen Phosphoriten, die durch glaukonitischen Sand miteinander verkittet sind. Die Gerölle stammen aus Gebieten mit silurischen Ablagerungen, die durch das Oberkreidemeer aufgearbeitet wurden. Alle größeren Gerölle in der Matrix sind stark abgeflacht. Gelegentlich führen die Geschiebe Muscheln oder Belemniten (*Actinocamax* sp.).
Das Tosterup-Konglomerat findet sich anstehend bei Ystad in Südost-Schonen.
Häufigkeit: nicht häufig.

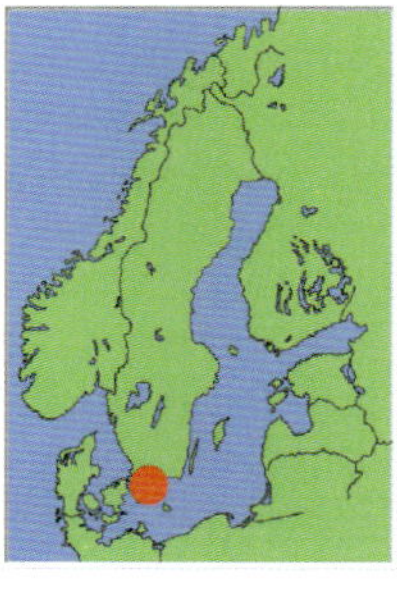

Köpinge-Sandstein

Alter: 70 - 75 Millionen Jahre (obere Kreide: Campan - ?Maastricht).
Herkunft: Südost-Schonen.
Beschreibung: Der Köpinge-Sandstein führt in seiner typischen Ausbildung zahlreiche grüne Glaukonitkörnchen. Er ist feinkörnig und besitzt ein kalkiges Bindemittel. Fossilien liegen meist in Steinkernerhaltung vor. Häufiger sind glattschalige Kammmuscheln („*Pecten*"), aber auch Austernschalen, Schnecken und Belemniten kann man finden. Sehr selten kommen in diesem Gestein Mosasaurier-Reste in Form von Knochenfragmenten oder Zähnen vor. Auch Pflasterzähne von Fischen sind bekannt. In der Regel enthält das Gestein aber nur unbestimmbare Muscheln.
Ähnliche Kalksandsteine mit wenig oder keinem Glaukonit, aber zahlreichen Steinkernen von Muscheln, die auch auf der Oberfläche des Gesteins sichtbar sind, dürften ebenfalls zum Köpinge-Sandstein gehören.
Häufigkeit: häufig.

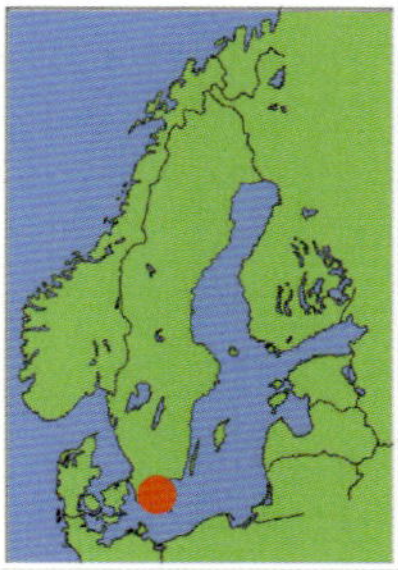

Feuerstein-Brekzie

Alter: 65 - 70 Millionen Jahre (obere Kreide, ?ältestes Tertiär)).
Herkunft: Møn / Dänemark.
Beschreibung: Im Osten der dänischen Insel Møn ist die oberste Lage der Kreide-Sedimente brekzienartig entwickelt. Zahlreiche scharfkantige, dunkle Feuersteintrümmer unterschiedlicher Größe sind in eine grauweiße Matrix eingebettet. Am Strand von Møn sind solche Feuerstein-Brekzien nicht allzu selten. Ihre Fundhäufigkeit nimmt nach Süden hin stetig ab. Es gibt auch Flint-Brekzien, deren Komponenten durch bläulichen Chalcedon miteinander verkittet wurden. Die Heimat dieser Stücke mag ebenfalls auf Møn liegen, sie kann aber auch in anderen Gebieten Dänemarks zu suchen sein. Das in Nordjütland vorkommende Feuerstein-Konglomerat (s. S. 203) kann ebenfalls brekziös ausgeblidet sein.
Häufigkeit: ziemlich selten.

Saltholm-Kalk

Alter: 65 Millionen Jahre (Tertiär: Danien).
Herkunft: Insel Saltholm („Salzinsel“) östlich Kopenhagen, Öresund, Seeland und angrenzende Gebiete.
Beschreibung: Der Saltholm-Kalk, auch Coccolithen-Kalk genannt, ist ein hartes, deutlich geschichtetes Gestein von weißer oder graugelber Farbe. Es kann gelegentlich in einen harten, splittrigen Feuerstein übergehen. Brachiopoden (*Terebratula*) und Seeigel (*Echinocorys*) sind häufig. Meist sind sie nur im Querschnitt erkennbar und schwer herauszuschlagen. Auch große Spurenfossilien kommen in diesen Gesteinen oft vor. Andere Tiergruppen wie Muscheln, Schnecken, Krebse, Seesterne oder Haizähne können enthalten sein, sind aber eher selten.
Häufigkeit: sehr häufig.

Bryozoen-Kalk

Alter: 65 Millionen Jahre (Tertiär: Danien).
Herkunft: Dänemark, Schonen.
Beschreibung: Leicht kenntlich ist der Bryozoen-Kalk. Er besteht fast ausschließlich aus wenige Millimeter langen Bruchstücken von meist astförmigen Moostierchen. Er ist relativ weich, zeigt aber in der Regel keine Schichtung. Abgesehen von den Bryozoen sind nur selten andere Fossilien enthalten. Seeigel, Korallen, Kalkröhrenwürmer, Seelilienstängelglieder oder Brachiopoden können vorkommen. In den Kalk sind gelegentlich graue, plattige und bryozoenreiche Feuersteine eingebettet. Im Geschiebe kommen Blöcke von mehr als einem Meter Kantenlänge vor. Wenn das Gestein nass ist, lässt es sich kaum mit dem Hammer aufschlagen. In Dänemark heißt der Bryozoen-Kalk auch „Limsten".
Häufigkeit: häufig.

Violett-Gelb Gerindeter Feuerstein

Alter: 65 Millionen Jahre (Tertiär: Danien).
Herkunft: nördliches Dänemark.
Beschreibung: An der Jütlandischen Nordseeküste findet man allerorts einen weiß-grauen Feuerstein, der im Meer des Tertiärs abgerollt ist und dort mit Eisensalzen imprägniert wurde. Es bildete sich eine gelborange und violette Kruste. Damit hat dieser Flint dieselbe Entstehungsgeschichte wie der grün- oder braungerindete Feuerstein, der in Schleswig-Holstein häufig vorkommt. Die Farbigkeit der Nordsee-Funde ist jedoch eine andere und somit lassen sich die gerindeten Feuersteine nach ihrem Herkunftsgebiet deutlich unterscheiden.
Häufigkeit: sehr häufig.

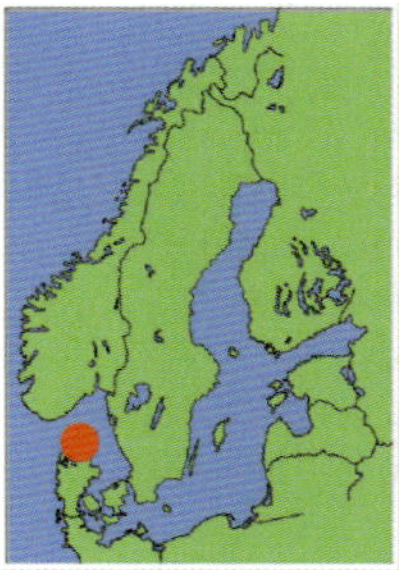

Echinodermen-Konglomerat

Alter: 60 Millionen Jahre (Tertiär: oberes Paläozän).
Herkunft: Seeland, Schonen.
Beschreibung: Echinodermen sind Stachelhäuter, dazu gehören Seeigel, Seesterne oder Seelilien. Ihre Skelettelemente liegen in großer Menge im Echinodermen-Konglomerat eingebettet. Neben Geröllen verschiedener Gesteinstrümmer finden sich außerdem Brachiopoden (z. B. der „Totenkopf"-Brachiopode *Crania*) und Haizähne. Das Konglomerat ist auf erodierte Schichten des Danien („*Crania*-Kalk"; ältestes Tertiär) aufgelagert. Die enthaltenen Fossilien stammen aus verschiedenen, aufgearbeiteten Sedimenten der Oberkreide und dem ältesten Tertiär.
Das Anstehende des Echinodermen-Konglomerates befindet sich in der Gegend zwischen Kopenhagen/DK und Malmö/SE.
Häufigkeit: nicht selten.

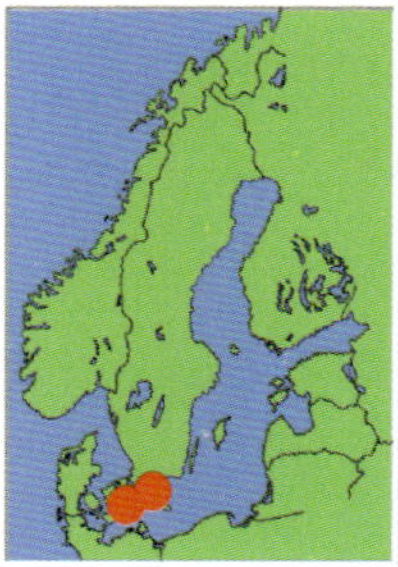

Basalt-Tuff

Alter: 50 Millionen Jahre (Tertiär: Eozän).
Herkunft: ?Dänemark.
Beschreibung: Im Gegensatz zum Tuffit wird bei einem Tuff die ausgeworfene vulkanische Asche auf dem Land abgelagert. Es bilden sich feingeschichtete vulkanische Sedimente. Man kann dieses Gestein daher sowohl bei den Vulkaniten als auch bei den Sedimentiten einordnen. Aschelagen kennt man aus dem Faserkalk und auch aus dem Moler Jütlands, beide stammen aus dem Eozän. Der Basalt-Tuff läßt kein kalkiges Sediment in direktem Kontakt erkennen.
Häufigkeit: gewöhnlich.

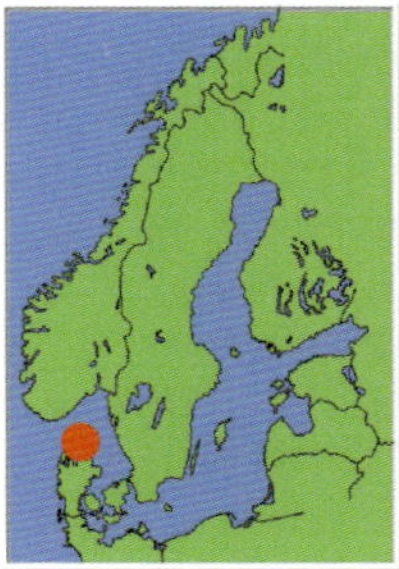

Wurzelquarzit

Alter: 20 - 55 Millionen Jahre (Tertiär: Eozän - Miozän).
Herkunft: ?Jütland.
Beschreibung: Manchmal trifft man am Strand auf gelbliche bis grauweiße, ungeschichtete Quarzite. Sie sind von zahlreichen Röhren durchzogen, die aber nichts mit Kriech- oder Wühlspuren zu tun haben. Diese Braunkohlenquarzite sind durchwurzelte Böden. Die Holzsubstanz hat sich aufgelöst und die Wurzelröhren blieben zurück. Abgesehen von gelegentlich erhaltenen Holzstückchen sind keine bestimmbaren Pflanzen- oder Tierreste bekannt. Es sollen aber Funde von Pfeilschwanzkrebsen in derartigen Quarziten gemacht worden sein.
Quarzitlagen sind aus eozänen und miozänen Braunkohlenlagen bekannt. Eine exakte Heimat- und Altersbestimmung ist kaum möglich.
Häufigkeit: nicht häufig.

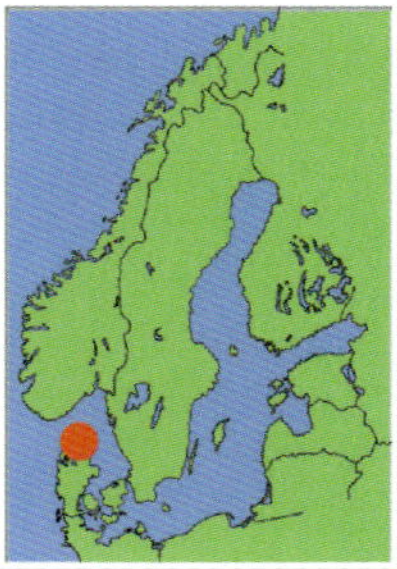

Gagat

Alter: 20 - 50 Millionen Jahre (Tertiär: Eozän - Miozän).
Herkunft: Dänemark, Südschweden.
Beschreibung: Gagat ist eine Art Braunkohle, die durch Einlagerung von Bitumen schwarz gefärbt ist. Gagat ist hart, die Bruchflächen sind manchmal matt, manchmal stärker glänzend. Er färbt beim Reiben in den Fingern nicht ab. Gagat entsteht aus Treibholz, das später in das Sediment eingebettet wird. Im Gegensatz dazu entsteht echte Braunkohle durch Inkohlung pflanzlicher Substanzen an Land.
Gagat ist häufig an der Nordseeküste Dänemarks und an den Stränden von Rügen. Berühmte Fundstellen sind u. a. die Küste von Whitby (England) und die Posidonienschiefer im Schwäbischen Jura. Gagat wird gerne zur Herstellung von Schmuckstücken verwendet. Andere Namen für Gagat sind Jett, Jais oder Pechkohle.
Häufigkeit: nicht selten, stellenweise sogar häufig.

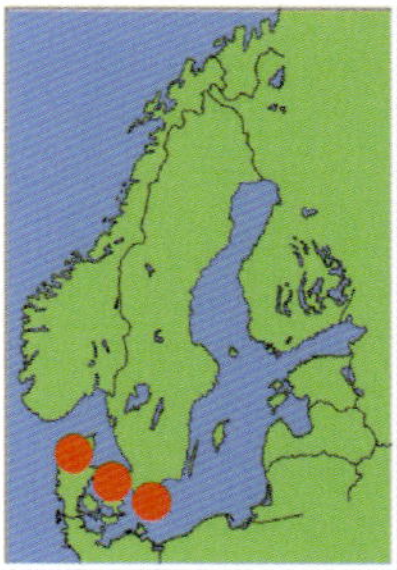

Septarie

Alter: meist ca. 30 Millionen Jahre (Tertiär: Oligozän), auch aus anderen Formationen bekannt.
Herkunft: Dänemark, Norddeutschland.
Beschreibung: Septarien sind Tongeoden, in deren Inneren sich durch Austrocknung Schrumpfungsrisse gebildet haben. Die Risse wurden mit weißem oder honiggelben Kalzit ausgefüllt. Sichtbar wird dies meistens erst, wenn die Septarie auseinandergebrochen ist oder aufgeschlagen wurde. Aufgesägt und poliert geben Septarien ausgesprochen schöne Schaustücke ab.
Häufigkeit: in idealer Ausbildung selten.

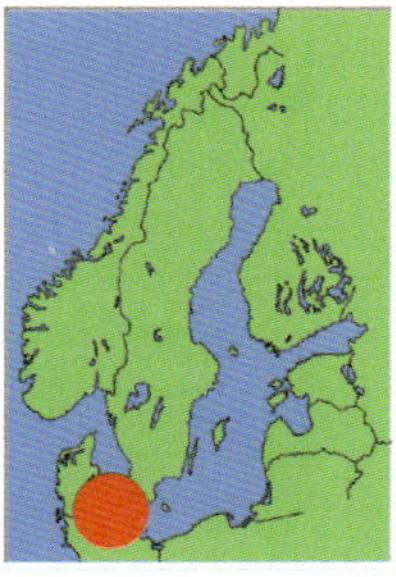

Kalksandstein mit Muscheln und Schnecken

Alter: 20 Millionen Jahre (Tertiär: Miozän).
Herkunft: Dänemark.
Beschreibung: Im südlichen Dänemark, von Hvidesande bis Broager und in den Kiesgruben in Südjütland trifft man gelegentlich auf feinkörnige Kalksandsteine mit einer überaus artenreichen Muschel- und Schneckenfauna. Aus der Verwitterungsrinde der Geschiebe können unter fließendem Wasser und mit der nötigen Vorsicht kleine Molluskenschalen ausgebürstet werden. In diese Gesteinsgruppe gehören u. a. das Flensburger Gestein und die Geschiebe von Hvidesande (siehe Foto). Das in etwa gleichaltrige Holsteiner Gestein führt größere Schnecken und dickschalige Muscheln. Es kommt zudem nur in Mittel- und Ostholstein vor.
Häufigkeit: stellenweise nicht allzu selten, aber in der Regel bereits abgesammelt.

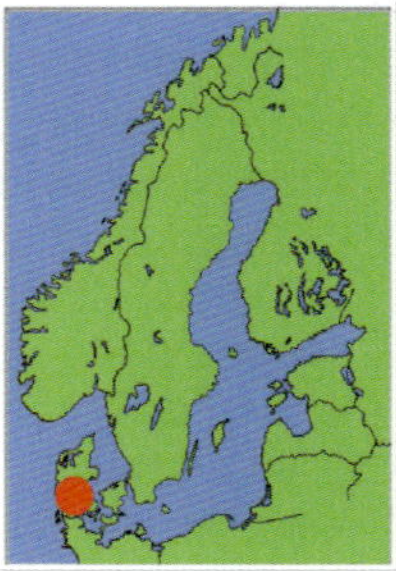

Feuerstein-Konglomerat

Alter: < 20 Millionen Jahre (Tertiär: Miozän - ?Pliozän).
Herkunft: Skagerrak.
Beschreibung: Ein durchaus treffender Name für das Feuerstein-Konglomerat ist „Puddingstein", benannt nach dem englischen Plumpudding. In einer kieseligen Matrix liegen zahlreiche mehr oder weniger abgerollte Feuersteine, die mehrere Zentimeter Durchmesser erreichen können. Auch scharfkantige Flint-Bruchstücke und Quarzite kommen vor. Gelegentlich sind Koniferen-Wurzeln in den Konglomeraten erhalten, was darauf hindeutet, dass das Feuerstein-Konglomerat aus einem durchwurzelten fluviatilen oder terrestrischen Schotterboden entstanden sein könnte. Feuerstein-Konglomerat ist östlich des Ringkøbing-Fjords und im Norden Jütlands häufiger, andernorts sehr selten. Zudem ist es meistens mit norwegischen Geschieben vergesellschaftet. Man vermutet die Heimat des Gesteines deshalb am Grund des Skagerrak.

Häufigkeit: selten.

Hexenschüsseln

Alter: 5 - 20 Millionen Jahre (Tertiär: Miozän - Pliozän).
Herkunft: Dänemark, Norddeutschland.
Beschreibung: Der Sage nach lebte vor vielen hundert Jahren ein geheimnisumwittertes Zwergenvolk in Schleswig-Holstein - die „Unterirdischen“ oder „Unnererske““. Eines Tages verließen sie das Land und verschwanden auf Nimmerwiedersehen. Zurück blieb nur ihr Geschirr, das man noch heute in Form sog. „Hexenschüsseln“ vor allem in Nordfriesland und auf den Inseln finden kann.
Eisenhaltige Wässer haben einen feinen Sandstein teilweise imprägniert. Durch Verwitterung hat sich das weiche Innere aufgelöst, nur die harte Limonitkruste ist erhalten geblieben. Bei frischen Funden kann man manchmal mit dem Fingernagel den Stein im Inneren herauskratzen.
Häufigkeit: mancherorts sehr häufig.

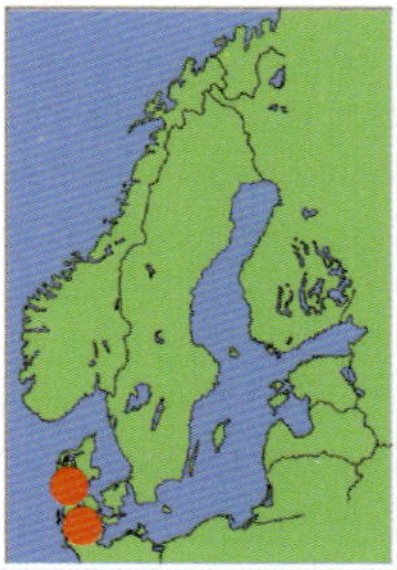

Nordstrander Kugeln

Alter: < 3000 Jahre (Quartär: Holozän).
Herkunft: Wattenmeer.
Beschreibung: Bereits vor 150 Jahren hat man im Wattenmeer zwischen Südfall, Eiderstedt und Nordstrand kleine hellbraune Kugeln von 4 bis 6 cm Durchmesser gefunden. In den 70er Jahren wurden bei Sandaufspülungen hunderte dieser Mergel-Konkretionen nördlich von Nordstrand entdeckt. Man kennt sie inzwischen auch von anderen Fundorten im Wattenmeer. Sie entstammen aus Schichten geringer Tiefe, die sich in den letzten 3000 Jahren gebildet haben. Heute kommen sie nach Stürmen oder bei Baggerarbeiten manchmal zu Tage. Sie enthalten gelegentlich kleine Muscheln und Schnecken, führen aber viel häufiger Kristalle einer besonderen Calcit-Variante, dem Ikait, der durch Pseudomorphose schließlich in Glendonit umgewandelt wird. Früher wurde das Mineral auch als Pseudogaylussit bezeichnet. Man kennt riesige Glendonit-Kristalle aus der Moler-Formation vom Limfjord in Jütland/DK.

Häufigkeit: heute nur noch selten zu finden.

Pyrit

Alter: meist 70 - 80 Millionen Jahre (Obere Kreide), kommt aber auch in älteren Sedimenten vor.
Herkunft: Norddeutschland, Dänemark, Südschweden.
Beschreibung: Pyrit ist eine Schwefel-Eisen-Verbindung. Bei der Verwesung von Weichteilen abgestorbener Tiere wird Schwefelwasserstoff freigesetzt. Dieser kann sich in Bodennähe oder im Sediment mit dem im Meerwasser vorkommenden Eisen verbinden. Es entstehen kleine Pyritkristalle, die zu regelrechten Knollen heranwachsen und sogar die im Sediment eingebetteten Schalen und Panzer von Tieren ersetzen können (Pyritisierung). Pyrit kann praktisch in allen Sedimenten auftreten, ist häufig in Kambrium, Ordovizium, Kreide und Tertiär. Lose Konkretionen von Faustgröße stammen meist aus der Kreidezeit. Sie sind sehr schwer und an der Oberfläche verrostet. Pyrit kann unter Lufteinwirkung zerfallen. Mit Pyrit und Feuerstein kann man Funken schlagen.
Häufigkeit: selten.

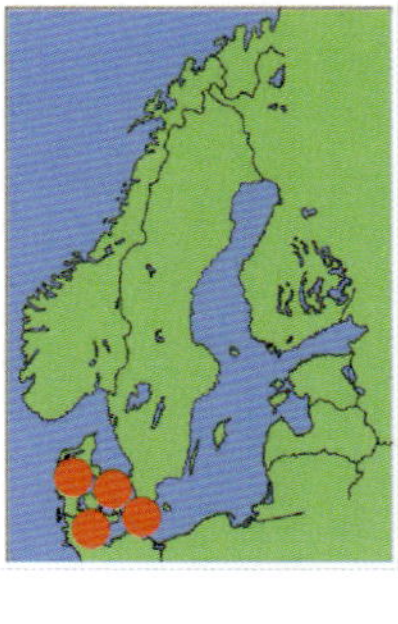

Rosa Faserkalk

Alter: 55 Millionen Jahre (Tertiär: Eozän).
Herkunft: Norddeutschland, Dänemark.
Beschreibung: Im Gegensatz zu dem weit verbreiteten gelben Faserkalk ist die rosafarbene Variante nur selten zu finden. Lediglich an den Stränden Mecklenburgs, speziell Rügens, kann sie häufiger auftreten. Die Färbung rührt von geringen Spuren von Rhodochrosit her, einem Mangancarbonat.
Faserkalk wächst von einer Nahtlinie aus in den umgebenden Ton. Die im gelben Faserkalk häufig vorkommenden dunklen Aschelagen sind im rosa Faserkalk die Ausnahme.
Faserkalk heißt im Dänischen „Silkespat“, was übersetzt „Seidenspat“ bedeutet und sich auf den seidigen Glanz bezieht.
Häufigkeit: selten.

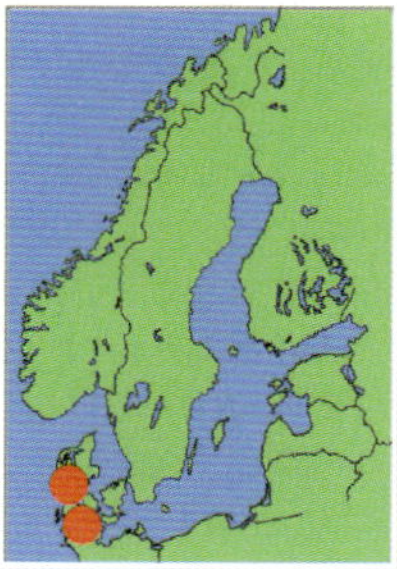

Dendriten

Alter: unbestimmt.
Herkunft: weit verbreitet.
Beschreibung: Viele Kreide- und Danien-Kalke zeigen moos- oder baumartig verzweigte Strukturen auf der Oberfläche. Auch auf den Bruchflächen von Feuersteinen sind diese sogenannten Dendriten teilweise in schönster Ausbildung zu beobachten. Der Name leitet sich von dem griechischen Wort *„dendron"* für *„Baum"* her. Eindringende mineralhaltige Lösungen kristallisieren auf Schichtflächen aus und hinterlassen diese charakteristischen und sehr ästhetischen Gebilde. Mangan färbt die Dendriten schwarz, Eisen braun. Trotz ihres pflanzenähnlichen Aussehens sind Dendriten „nur" Mineralausscheidungen und rein anorganischer Entstehung.
Sehr häufig findet man Dendriten übrigens auf den Schichtflächen der Solnhofener Plattenkalke.
Häufigkeit: sehr häufig.

Anhang

Zeittafel Gebirgsbildungsphasen

System	Beginn vor ca. Mill. Jahren	Orogenese	Ort
Quartär	1,8		
Tertiär	65	100 - 50 Ma alpidische Gebirgsbildung	(Alpen, Himalaya)
Kreide	142		
Jura	200		
Trias	251		
Perm	295		
Karbon	358	400 - 300 Ma variszische Gebirgsbildung	(Harz, Schwarzwald)
Devon	417	510 - 410 Ma kaledonische Gebirgsbildung	Kaledoniden: Norwegen / Schweden
Silur	443		
Ordovizium	495		
Kambrium	545		
Neoproterozoikum	1000		
		1.200 - 900 Ma svekonorwegische Gebirgsbildung (= Grenville)	südliches Norwegen / südwestliches Schweden
Mesoproterozoikum	1600	1.500 - 1.400 Ma danopolonische Gebirgsbildung	Blekinge, Südost-Schonen, Bornholm
Paläoproterozoikum	2500	2.000 - 1.750 Ma svekofennische Gebirgsbildung	Schweden / Finnland

Anhang

Zeittafel Proterozoikum

(zum Teil ältere Bezeichnungen)

System	Serie	Stufe	Beginn vor ca. Mill. Jahren	Geschiebe
Protero-zoikum	Neoproterozoikum	Eokambrium	1000	Kalmarsund-Sandstein, Nexö-Sandstein, Visingsö-Serie, Sparagmit-Formation, Bohus-Granit
	Meso-proterozoikum	Dalslandium	1200	Granat-Amphibolit, Flammen-Pegmatit, Varberg-Charnockit
		Jotnium	1400	Öje-, Åsby- und Särna-Diabas, Jotnischer Sandstein
		Gotium bis Subjotnium	1600	Hammer-Granit, Vang-Granit, Karlsham-Granit, Rödö-Granit, Åland-Rapakivi, Åland-Quarzporphyr, Ostsee-Quarzpophyre,
	Paläo-proterozoikum	Svecofennium und Karelium	2100	Dala-Porphyre, Siljan-Granit, Småland-Porphyre, Småland-Granite, Filipstad-Granit, Sala-Granit, Revsund-Granit, Uppsala-Granit, Stockholm-Granit, Rätan-Granit, Järna-Granit, Hälleflinte, Urkalk, Västervik-Fleckengneis, Stockholm- Fleckenquarzit
		Prägotium	2500	Prägotische Gneise

Anhang

Zeittafel Paläozoikum

System	Serie	Stufe	Beginn vor ca. Mill. Jahren	Geschiebe
Perm			295	Rhombenporphyr, Oslo-Basalte, Diabasgänge in Schonen, Kinne-Diabas
Karbon			358	-
Devon	Oberdevon		380	*Platyschisma*-Dolomit, rot-gelbe Dolomite mit Brachiopoden
	Mitteldevon		392	Kugelsandstein, Estherien-Kalk
	Unterdevon		417	Buntes Konglomerat mit Fischresten
Silur	Pridoli		419	Öved-Ramsåsa-Sandstein, Roter und Grauer Beyrichien-Kalk
	Ludlow		423	Grauer Beyrichien-Kalk, *Colonus*-Schiefer, Phaciten-Oolith, Burgsvik-Sandstein
	Wenlock		428	Leperditien-Gestein, Grünlich-Graues Graptolithen-Gestein, Korallen- und Crinoiden-Kalke, Graptolithen-Schiefer
	Llandovery		443	*Borealis*-Kalk, *Rastrites*-Schiefer
Ordovizium	Ober-ordovizium	Ashgill	449	Boda-Kalk, Ostsee-Kalk, Palaeoporellen-Kalk, Crinoiden-Kalke, *Cyclocrinus*-Kalk
		Caradoc	458	Kullsberg-Kalk, *Macroura*-Kalk, *Testudinaria*-Kalk, *Coelosphaeridium*-Kalk, Backstein-Kalk, *Ludibundus*-Kalk
	Mittel-ordovizium	Llanvirn	470	*Nileus*-Kalk, Echinosphaeriten-Kalk, Mittlerer und Oberer Roter und Grauer Orthocerenkalk, *Athiella*-Konglomerat
	Mittel-ordovizium / Unter-ordovizium	Arenig	485	Unterer Grauer und Roter Orthocerenkalk, Schwarzer Orthocerenkalk
	Unter-ordovizium	Tremadoc	495	*Ceratopyge*-Kalk
Kambrium	Oberkambrium		505	Stinkkalke, Konglomerate, Alaunschiefer
	Mittelkambrium		518	Andrarum-Kalk, Stinkkalke, *Paradoxissimus*-Sandstein, Eophyton-Sandstein, *Exsulans*-Kalk, *Oelandicus*-Mergel
	Unterkambrium		545	*Mickwitzia*-Sandstein, glaukonitische Sandsteine, Balka-Quarzit, Hardeberga-Sandstein, Skolithos-Sandstein, Sandsteine mit Spurenfossilien

Anhang

Zeittafel Mesozoikum I

System	Serie	Stufe	Beginn vor ca. Mill. Jahren	Geschiebe
Jura	Malm	Tithonium	141	Hornsteine, Serpulit-Geschiebe
		Kimmeridgium	146	Geschiebe vom Hirtshals-Typ
		Oxfordium	154	lose *Thamnastraea*-Stöcke
	Dogger	Callovium	160	*Lamberti*-Knollen, Kelloway-Geschiebe, oolithische Kalksandsteine mit *Kosmoceras*
		Bathonium	164	*Aspidoides*-Oolith
		Bajocium	170	Kalksandsteine mit *Parkinsonia* und *Megateuthis*, Sphaerosiderite
		Aalenium	175	
	Lias	Toarcium	184	*Radiosa*-Oolith, Fischgrätengestein, Ahrensburger Lias-Knollen
		Pliensbachium	191	Kalksandsteine mit *Pleuroceras spinatum*, Kalksandstein mit *Amaltheus margaritatus*, Sphaerosiderite
		Sinemurium	200	lose Funde von *Gryphaea arcuata*
		Hettangium	203	Sandstein mit *Ostraea hisingeri*, Höör-Sandstein
Trias	Keuper		230	Bälteberga-Konglomerat
	Muschelkalk		240	*Trigonodus*-Dolomit, dolomitische Muschelkalk-Geschiebe
	Buntsandstein		250	Rogenstein-Geschiebe

Zeittafel Mesozoikum II

System	Serie	Stufe	Beginn vor ca. Mill. Jahren	Geschiebe
Kreide	Oberkreide	Maastrichtium	72	Hornstein, schwarzer Feuerstein, Schreibkreide, Köpinge-Sandstein, Åhus-Sandstein
		Campanium	83	Toter Kalk, Hanaskog-Flint, Trümmerkreide, Tosterup-Konglomerat
		Santonium	87	Holma-Sandstein, Bavnodde Grünsand, Arnager Quarzit
		Coniacium	88	Arnager Quarzit, Arnager Kalk
		Turonium	92	gestreifter Turon-Flint
		Cenomanium	96	Arnager Grünsand
	Unterkreide	Albium	108	Glaukonit-Sandsteine
		Aptium	113	
		Barremium	117	Quarzitischer Sandstein mit Pflanzenresten
		Hauterivium	123	
		Valangium	131	
		Berriasium	135	Wealden-Sandstein

Anhang

Zeittafel Känozoikum

System	Serie	Stufe		Beginn vor ca. Mill. Jahren	Geschiebe
Tertiär: Neogen	Pliozän	Gelasium	Merxemium	2,6	verkieselte ordovizische und silurische Fossilien aus dem Kaolinsand
		Piacentium	Scaldisium	3,6	
		Zancleum	Morsumium	5,3	Limonit-Sandstein
	Miozän	Messinium	Syltium	8	lose Conchylien, Tonsteinknollen, verkieseltes Holz
		Tortonium	Gramium	9,5	
		Serravallium	Langenfeldium	12	
		Langhium	Reinbekium	15,5	Reinbecker Gestein, verkieseltes Holz
		Burdigalium	Hemmoorium	19	Hemmoorer Gestein, Flensburger Gestein, verkieseltes Holz
		Aquitanium	Vierlandium	24	Holsteiner Gestein, Damsdorfer Gestein, lose Conchylien, verkieseltes Holz
Tertiär: Paläogen	Oligozän	Chattium	Neochattium	26	Sternberger Gestein, Turritellen-Gestein, braune Siderite
			Eochattium	28	
		Rupelium	Rupelium	32,5	Stettiner Gestein, Septarien
			Latdorfium	33,5	Bernstein
	Eozän	Priabonium		37	Nummuliten führende Gesteine
		Bartonium		40	
		Lutetium		46	Heiligenhafener Gestein Braunkohlen-Quarzite, Faserkalk, Toneisensteine, Phosphorite, Zementsteine und Basalttuffe des Moler
		Ypresium		53	
	Paläozän	Thanetium		58	grüngerindete Feuersteine, Wallsteine, Puddingsteine
		Seelandium		61	Aschgraues Paläozän, *Crania*-Kalk, Echinodermen-Konglomerat
		Danium		65	*Crania*-Kalk, Saltholms-Kalk, grauer Feuerstein, Bryozoen-Kalk, ockergelber Hornstein, bryozoenreicher Feuerstein, Faxe-Kalk, *Cerithium*-Kalk

Anhang

Zeittafel der Eiszeiten & Zwischeneiszeiten

System	Serie		Stufe	Beginn vor ca. Jahren	Bemerkungen
Quartär	Pleistozän	Jung-pleistozän	Weichselium	117.000	Weichsel-Kaltzeit, im Weichsel-Hochglazial mehrere Eisvorstöße im Brandenburger und Pommerschen Stadium
			Eemium	128.000	Eem-Warmzeit
		Mittel-pleistozän	Saalium	320.000	Saale-Komplex mit warmen und kalten Zeiten, im Saale-Hochglazial Kaltzeit mit mehreren Eisvorstößen im Drenthe- und Warthe-Stadium
			Holsteinium	335.000	Holstein-Warmzeit
			Elsterium	400.000	Elster-Kaltzeit, zwei Eisvorstöße
			Cromerium	800.000	Warm- und Kaltzeiten
		Altpleistozän mit 6 Stufen		1.800.000	Frühpleistozäne Warm- und Kaltzeiten

wichtige Internetseiten für Strandstein-Sammler

http://www.fossilbuch.de
http://www.geonord.se
http://www.geschiebekunde.de
http://www.geschiebesammler.de
http://www.geo-ag-kiel.de
http://www.isar-kiesel.de
http://www.kristallin.de
http://picasaweb.google.com/stenklub
http://www.strandsteine.de

Mit dem Urteil vom 12. Mai 1998 hat das Landgericht Hamburg entschieden, dass man durch die Anbringung eines Links die Inhalte der gelinkten Seiten ggf. mit zu verantworten hat. Dies kann nur dadurch verhindert werden, dass man sich ausdrücklich von diesem Inhalt distanziert. Für alle Links auf diesen Homepages gilt: Ich distanziere mich hiermit ausdrücklich von allen Inhalten aller verlinkten Seitenadressen und mache mir diese Inhalte nicht zu eigen.

Anhang

Glossar

Brachiopoden	Armfüßer, muschelähnliche Tiere aus dem Stamm der Tentaculata, die zwei verschiedene, in sich symmetrische Klappen besitzen und die sich somit von den Muscheln leicht unterscheiden lassen
Caldera	Vulkankrater
fluviatil	einen Fluss betreffend; in Flüssen abgelagerte Sedimente
Foliation	Bildung blattartiger, schiefriger Flächen
Glaukonit	eisenhaltiges Aluminiumsilikat, bildet grüne Körnchen oder Überzüge, entsteht ausschließlich im Meer
granophyrisch	spezielle Verwachsung von Quarz und Feldspat
Karlsbader Zwillinge	miteinander verwachsene Kalifeldspäte, erkennbar, wenn nur eine Hälfte des Kristalls spiegelt
klastisch	Sedimente, die aus den Trümmern anderer Gesteine aufgebaut sind
K/T-Grenze	Kreide/Tertiär-Grenze, gekennzeichnet durch ein Massenaussterben in der Tierwelt.
marin	das Meer betreffend; im Meer abgelagerte Sedimente
Matrix	Grundmasse eines Gesteins
Mergel	kalkhaltiger Ton
Metamorphose	Umwandlung eines Gesteins durch Druck und Hitze
Orthoceren	ausgestorbene Gruppe früher Kopffüßer mit einem langgestreckten Gehäuse
Pluton	ein magmatischer Gesteinskörper, der innerhalb der Erdkruste erstarrt ist
porphyroblastisch	metamorph gewachsene Kristalle
Pseudomorphose	ein Mineral, das die Form eines anderen angenommen hat, beispielsweise einen Hohlraum ausfüllt, den ein aufgelöster Kristall hinterlassen hat
Steinkern	der Ausguss eines Hohlraumes, den ein Fossil im Gestein hinterlassen hat
ternäre Feldspäte	Feldspäte, die Natrium, Kalium und Calcium enthalten
terrestrisch	das Land betreffend; auf dem Land abgelagerte Sedimente
Tongallen	aufgearbeitete, abgerollte, ovale und flache Tonklumpen
Transgression	Eindringen des Meeres in größere Festlandsgebiete
Trilobiten	marine, ausgestorbene, asselähnliche Gliedertiere

Anhang

Literatur

(zusätzlich zu den Literaturhinweisen im ersten Band)

AHL, M., ANDERSSON, U.B., LUNDQVIST, T. & SUNDBLAD, K. [Eds.] (1997): Rapakivi granites and related rocks in central Sweden. 7th International Symposium on Rapakivi Granites, July 24-26 1996, University of Helsinki, Finland. - Sveriges Geologiska Undersökning, Series Ca, 87: 1-99, zahlr. Abb.; Uppsala.

ANDERSEN, B.G. & BORNS, H.W. (1994): The Ice Age World. An Introduction to Quaternary History and Research with Emphasis on North America and Northern Europe During the Last 2.5 Million Years. - 208 S., 192 Abb., Oslo, Stockholm, Copenhagen (Scandinavian University Press).

BARTH, T.F.W. (1945): Studies on the Igneous Rock Compley of the Oslo Region. II. Systematic Petrography of the Plutonic Rocks. - Skrifter utgitt av Det Norske Videnskaps-Akademie i Oslo. I: Mat.-Naturv. Klasse, 1944 (9): 1-104, 23 Abb., 1 Kt.; Oslo.

CALLISEN, K. (1934): Das Grundgebrige von Bornholm. - Danmarks Geologiske Undersøgelse, II. Række, 50: 266 S., 8 Taf., 1 Kt.; Kopenhagen.

COHEN, E. & DEECKE, W. (1892): Über Geschiebe aus Neu-Vorpommern und Rügen. - Mittheilungen aus dem naturwissenschaftlichen Verein für Neu-Vorpommern und Rügen in Greifswald, 23: 1-84, Berlin.

COHEN, E. & DEECKE, W. (1897): Über Geschiebe aus Neu-Vorpommern und Rügen. Erste Fortsetzung. - Mittheilungen des naturwissenschaftlichen Vereins für Neu-Vorpommern und Rügen zu Greifswald 28: 1-95, Berlin.

DIETRICH, H. & HOFFMANN, G. (2004): Steinreiche Ostseeküste. Entstehung und Herkunft der Findlinge. - 78 S., zahlr. Abb.; Rostock (Redieck & Schade).

DONS, J.A. [Hrsg.] (1977): Geologisk fører for Oslo-trakten. - 173 S., 60 Abb., 1 Kt.; Oslo (Universitetsforlaget).

DYHR-LARSEN, E.M. (2006): Sten - lær stenene ved stranden at kende. - 65 S., zahlr. farbige Abb.; Odense (Geografforlaget).

ESKOLA, P. (1933): Tausend Geschiebe aus Lettland. - Annales Academiae scientiarum Fennicae, Series A, 39 (5): 41 S., 9 Abb.; Helsinki.

FREDÉN, C. [Hrsg.] (1994): National Atlas of Sweden: Geology. - 208 S., zahlr. Farb-Abb. u. Ktn., Stockholm (Geological Survey of Sweden).

GABA, Z. & PEK, I. (1999): Eiszeitliche Geschiebe des mährisch-schlesischen Vereisungsgebietes [in tschechisch mit deutscher Zusammenfassung]. - 111 S., 8 Taf.; Sumperk (Okresní vlastivedné muzeum).

GARMO, T.T. (1998): Norsk Steinbok. Norske Mineral och Bergarter. 2. Auflage. - 300 S., 156 farbige und zahlr. sw-Abb.; Oslo (Universitetsforlaget).

GRIPP, K. & TUFAR, W. (1974): Pseudogaylussit führende Konkretionen aus dem Wattenmeer. - Meyniana, 25: 21-30, 7 Taf.; Kiel.

HJELMQVIST, S. (1966): Beskrivning till berggrundskarta över Kopparbergs Län. - Sveriges Geologiska Undersökning, Series Ca, 40: 1-217, 123 Abb., 1 Kt.; Stockholm.

HJELMQVIST, S. (1982): The Porphyries of Dalarna, Central Sweden. - Sveriges Geologiska Undersökning, Series C, 782: 1-106, 48 Abb.; Stockholm.

HOLMQUIST, P.J. (1899): Om Rödöområdets Rapakivi och gångbergarter. - Sveriges Geologiska Undersökning, Series C, 181: 1-118, 8 Taf., 1 Kt.; Stockholm.

JENSEN, E.S. (2005): Sten i farver. - 221 S., sehr viele farbige Abb.; Kopenhagen (Politikens Forlag).

KJERULF, T. (1880): Die Geologie des südlichen und mittleren Norwegen. Deutsche Ausgabe von A. GURLT. - 350 S., 278 Abb., 19 Taf.; Bonn (Verlag Max Cohen & Sohn).

KLEY, K. VAN DER & VRIES, W. DE (1941): Gidsgesteenten van het noordelijk diluvium. - 191 S., 185 Abb., 1 Kt.; Meppel (J. A. Boom & Zoon).

KORNFÄLT, K.-A. (1976): Petrology of the Ragunda Rapakivi Massif, Central Sweden. - Sveriges Geologiska Undersökning, Series C, 725: 1-111, 52 Abb., 28 Tab.; Stockholm.

KRESTEN, P. (1986): The Granites of the Västervik Area, South-Eastern Sweden. - Sver. Geol. Undersökning, Series C, 814: 1-35, 15 Abb., 4 Tab; Stockholm.

LARSEN, B.T., OLAUSSEN, S., SUNDVOLL, B. & HEEREMANS, M. (2008): The Permo-Carboniferous Oslo Rift through six stages and 65 million years. - Episodes, 31 (1): 52-58, Abb. 1-4; Bejing.

LARSEN, G. [Ed.] (2006): Naturen i Danmark. Geologien. - 549 S., zahlr. Abb.; København (Gyldendal).

LOBERG, B. (1973): Geologiska material och Sveriges Berggrund. - 202 S., 127 Abb., 24 Tab.; Stockholm (Norstedts).

LUNDEGARDH, P.H. & BROOD, K. (1996): Stenar och Fossil. - 342 S., sehr viele Abb.; Stockholm (Norstedts).

LUNDEGARDH, P.H. (2002): Stenar. Bergarter och mineral i Norden - det levande jordklotets geologi. - 143 S., 113 farbige Abb.; Västerås (ICA Bokförlag).

MAGNUSSEN, N.H. (1968): Altersschema des Präkambrium in Schweden. - Zeitschrift der deutschen geologischen Gesellschaft, 117: 599-619, 2 Abb., 3 Tab.; Hannover.

MAGNUSSEN, N.H., LUNDQVIST, G. & REGNELL, G. (1963): Sveriges geologi. 4. Auflage. - 698 S., zahlr. Abb., 2 Taf.; Stockholm (Norstedts).

MENDE, F. (1925): Typengesteine kristalliner Diluvialgeschiebe aus Südfinnland und Åland. - Zeitschrift für Geschiebeforschung, 1 (3): 117-139, 6 Abb., 3 Tab.; Berlin.

MEYER, A.P. (1982): Aufgeheizt und unter Druck gesetzt. Kristalline Geschiebe vom Bornholmer Horst. - Mineralien-Magazin, 6 (2): 171-177, 13 Abb.; Stuttgart.

MEYER, K.-D. (1983): Indicator pebbles and stone count methods. In: EHLERS, J.: Glacial deposits in North-West Europe. - S. 275-287, Abb. 289-299, Tab. 4, Taf. 50-67; Rotterdam (Balkema).

NORDENSKJÖLD, O. (1894): Ueber Archaische Ergussgesteine aus Småland. - Sveriges Geologiska Undersökning, Series C, 135: 1-127, 5 Abb., 2 Taf., 1 Kt.; Stockholm.

ØSTERGÅRD, T.V. (1978): Sten og blokke. - 124 S., zahlr. farbige Abb.; København (Gyldendal).

OXAAL, J. (1916): Norsk Granit. - Norsk Geologiske Undersökelse, 76: 1-220, zahlr. Abb., 8 Taf., 2 Kt.; Kristiania.

PERSSON, L. (1978): The Revsund-Sörvik Granites in the Western Parts of the Province on Ångermanland, Central Sweden. - Sveriges Geologiska Undersökning, Series C, 741: 1-59, 32 Abb., 16 Tab.; Stockholm.

PRICE, M. & WALSH, K. (2006): Naturführer Gesteine & Minerale. - 224 S., sehr viele farbige Abb.; Starnberg (Dorling Kindersley Verlag).

RAMBERG, I.B., BRYHNI, I., NØTTVEDT, A. & RANGNES, K. (2008): The Making of a Land. Geology of Norway. - 624 S., sehr viele farbige Abb.; Trondheim (Norsk Geologisk Forening).

RASMUSSEN, H.W. (1966): Danmarks geologi. - 174 S., zahlr. Abb.; Kopenhagen (Gjellerup).

REINICKE, R. (2007): Steine am Ostseestrand. 2. Auflage. - 80 S., zahlr. farbige Abb.; Schwerin (Demmler-Verlag).

RICHTER, E., BAUDENBACHER, R. & EISSMANN, L. (1986): Die Eiszeitgeschiebe in der Umgebung von Leipzig. Bestand, Herkunft, Nutzung und quartärgeologische Bedeutung. - Altenburger Naturwissenschaftliche Forschungen, 3: 136 S., 8 Abb., 7 Tab., 31 Taf.; Altenburg.

ROEMER, F. (1885): Lethaea erratica oder Aufzählung und Beschreibung der in der norddeutschen Ebene vorkommenden Diluvial-Geschiebe nordischer Sedimentär-Gesteine. - Palaeontologische Abhandlungen, 2 (5): 250-420 3 Abb., 1 Tab., 11 Taf.; Berlin (Georg Reimer).

ROHDE, A. (2007): Fossilien sammeln an der Ostseeküste. 2. Auflage. - 224 S., sehr viele Abb.; Neumünster (Wachholtz).

RUDOLPH, F. (2008): Strandsteine. Sammeln und Bestimmen von Steinen an der Ostseeküste. 8. Auflage. - 160 S., 170 farbige Abb.; Neumünster (Wachholtz).

SCHREINER, A. (1992): Einführung in die Quartärgeologie. - 257 S., 113 Abb., 14 Tab.; Stuttgart (Schweizerbart).

SEDERHOLM, J.J. (1930): Pre-Quaternary Rocks of Finland. Explanatory notes to accompany a general geological map of Finland. - Bulletin de la Commission Géologique de Finlande, 91: 1-47, 40 Abb., 1 Kt.; Helsinki.

SMED, P. (1989): Sten i det danske landskab. - 181 S., 177 Abb., 32 Taf.; Brenderup (Geografforlaget).

VINX, R. (1996): Granatcoronit (mafischer Granulit): ein neues Leitgeschiebe SW-schwedischer Herkunft. - Archiv für Geschiebekunde, 2 (1): 1-20, 7 Abb., 1 Tab.; Hamburg.

VINX, R. (2007): Gesteinsbestimmung im Gelände. 2. Auflage - 472 S., 403 Abb., davon 390 in Farbe; München (Elsevier).

ZANDSTRA, J.G. (1995): Kökarrapakivi. - Grondboor en Hamer, 49 (5): 113-117, 2 Abb., 1 Taf.; Maastricht.

Index

A

B

C

D

E

F

G

Anhang

Danksagung

Mein besonderer Dank gilt Matthias Bräunlich, der mir viel seiner kostbaren Zeit opferte und mit fachlichen Ratschlägen sehr zum Gelingen dieses Buches beigetragen hat. Von ihm stammt auch das Foto des Björna-Granites. Ebenso herzlich danke ich Per Smed, Birkeröd / DK, der mir ausführliche Hinweise auf Bestimmungsmerkmale für zahlreiche kristalline Gesteine gab und viele Beschreibungen und Abbildungen überprüft hat. Prof. Dr. Roland Vinx, Prof. Dr. Klaus-Dieter Meyer und Dr. Karsten Obst danke ich für die kritische Durchsicht des Manuskriptes, gemeinsame Exkursionen, viele wertvolle Hinweise und hilfreiche Diskussionen.

Frau Dr. Renate Jeske, Rendsburg, danke ich für die Überlassung des Ragunda-Sphärolith-Porphyrs. Werner Bartholomäus gab mir wichtige Hinweise zum Hornblende-Fels. Frau Andrea Rohde überließ mir das Foto des Jütländischen Malm-Kalksandsteines. Herr Hans-Jürgen Schmütz stellte mir den Wealden-Sandstein für ein Foto zur Verfügung.

Meine Frau Andrea las den Text Korrektur. Sie und meine Töchter Jana und Miriam begleiteten mich auf zahlreichen Fototouren am Strand und gewährten mir die nötige Zeit zum Schreiben des Buches.

Dem gesamten Team des Wachholtz-Verlages danke ich für die stets hervorragende Zusammenarbeit.

Anhang

Der Autor

Diplom-Biologe Dr. Frank Rudolph, Jahrgang 1963, studierte Zoologie und Paläontologie an der Universität Kiel. In seiner Diplomarbeit untersuchte er Kopfmuskelansatzstellen von Trilobiten im Hinblick auf Funktionsmorphologie, Systematik und Phylogenie. Die Arbeit wurde 1993 mit dem Wissenschaftspreis des Landes Schleswig-Holstein ausgezeichnet. Seine Dissertation im Jahr 1994 behandelte die Trilobiten der mittelkambrischen Geschiebe. Bisher sind über 50 Publikationen von ihm erschienen, darunter „Strandsteine" und „Strandfunde" aus dem Wachholtz-Verlag. Seit 1992 ist er als wissenschaftlicher Fachbuchhändler tätig. Er ist Herausgeber der Zeitschriften „Geschiebesammler" und „Erratica. Monographien zur Geschiebekunde". 1999 innitiierte er den Aufbau des Schleswig- Holsteinischen Eiszeitmuseums. Bereits als Grundschüler sammelte er Fossilien, spezialisierte sich Anfang der achtziger Jahre auf altpaläozoische Geschiebe und hier auf die Trilobiten. Seine Sammlung bildete den Grundstock für die Ausstellungen im Eiszeitmuseum. Gegenwärtige Forschungsschwerpunkte sind Trilobiten der kambrischen und ordovizischen Geschiebe. Er ist Vorstandsmitglied der „Gesellschaft für Geschiebekunde" und der „Geologisch-Paläontologischen Arbeitsgemeinschaft Kiel".